MY KETO-VEGE RECIPE

내 몸이 빛나는 순간,
마이 키토채식 레시피

M   Y

KETO-VEGE

RECIPE

글 / 차현주
요 리 / 김태형
사 진 / 장진모

GREENCOOK

최적의 건강 식단을 찾다

건강하고 아름다운, 빛나는 내 몸을 위해서는 효과적인 식이요법이 꼭 필요합니다.
식단에서 탄수화물의 비중을 줄이는 키토제닉(저탄수고지방/LCHF) 요법은
체중 감량에 효과적입니다. 그러나 육류를 비롯한 동물성 식품이 식단 구성의
대부분을 차지하고 있기 때문에 채식인의 접근이 어렵습니다.

키토제닉 = 탄수화물 NO, 지방 OK
채식주의 = 동물성 식품 NO, 식물성 식품 OK
채식 + 키토제닉 = 식물성 식품을 이용한 지방대사 식단

채식 기반의 키토제닉 식단은 두 가지 이론의 장점만을 취했습니다.
체내 대사의 원리는 키토제닉의 입장을 취하고,
동물성 식품이 아닌 식물성 식품을 섭취합니다.

어차피 다이어트를 할거라면,
건강한 몸이 만들어지고, 몸에 좋은 식습관이 일상화되는
몸에 무리가 가지 않는,
평생 건강하고 활기찬 몸을 유지할 수 있는 다이어트가 되어야 합니다.
단순히 짧은 기간 안에 해내는 숫자의 목표가 아닌,
나의 삶을 건강한 몸으로 활기차게 살아갈 수 있는 습관이어야 합니다.
이제 몸에 해로운 다이어트는 그만둡시다.
체중을 무조건 줄이는 것보다 적정한 몸무게의 건강한 몸을 만들어
삶을 행복하게 즐기는 것이 더 중요합니다.
지금, 키토채식을 시작합니다.

* 이 책에서는 일반적인 키토제닉과 채식에 대한 이론 설명과, 키토채식의 레시피를 소개하
고 있습니다. 전문적인 의학지식을 제공하지 않으니, 기저질환이 있거나 당뇨환자인 경우
에는 의사와 상담을 반드시 한 다음, 레시피를 활용하시기를 바랍니다.

이 책의 레시피 활용 방법

소스와 드레싱에는 상당한 양의 당분이 들어 있다.
샐러드를 먹더라도 시판 드레싱을 피해야 하는 이유이다.
키토제닉 드레싱은 당분을 줄이고 대체당을 활용했는데,
이 드레싱은 요리에 부족한 지방을 채워주는 역할도 한다.
또한 각종 드레싱, 소스 등은 먹기 직전 바로 만들어야 더 신선하고 맛있다.
락토-오보 기준이지만 키토채식 레시피로 식물성 제품을 적극 사용하였다.

평소 음료나 가공식품을 통해 액상과당을 많이 섭취했다면,
이제는 직접 만든 건강한 음료로 대체해야 한다.
탄산수로 탄산음료에 대한 갈증을 풀 수 있고,
천연식초를 섭취하면 소화와 혈당조절에도 도움이 된다.
또한 공복으로 힘들거나 바쁠 때 간편하게 에너지원으로 활용할 수 있다.

디저트는 탄수화물의 양에 주의하면서 적당량을 섭취해야 한다.
로푸드 방식으로 만들면 오븐이 필요 없기 때문에 빠르고 간편하게 만들 수 있고,
영양 손실도 없다. 아이스크림의 경우에는 지방 보충에 도움이 되기 때문에
키토채식의 간식으로 좋다.

가볍게 먹고 싶은 날, 또는 애피타이저로 활용할 수 있다.

채식이라는 말이 무색해지는 든든한 한 끼 식사가 되는 음식들이다.
탄수화물의 양 또한 어느 정도 채워줄 수 있는 균형 잡힌 식사이다.

CONTENTS

키토제닉

체중 감량 : 핵심은 호르몬

일반적으로 「많이 먹으면 살이 찌고, 적게 먹고 운동하면 살이 빠진다」고 생각한
다. 정말 그럴까?

우리 몸은 그렇게 단순하지만은 않다. 물론 과식으로 인한 잉여 칼로리가 몸속에서
중성지방으로 저장되는 것은 맞다. 그러나 우리 몸이 칼로리를 살로 바꿀지, 에너지
로 전환하여 사용할지를 결정하는 주체는 칼로리가 아니라 「호르몬」이다. 그리고
살이 찌는 데 가장 중요한 역할을 하는 호르몬이 바로 「인슐린」이다.

우리는 식사를 한다. 이때 탄수화물을 주식이라고 가정하자. 일반적으로 밥, 빵, 면
등의 다당류가 분해되어 포도당이 된다. 체내에는 포도당이 많아지고 혈당치가 높
아진다. 이러한 고혈당 상태는 혈액의 점도가 올라간 상태이기 때문에 대사도 방해
할 뿐 아니라 염증도 발생할 수 있다. 이런 고혈당 상태에서 대사의 안정화를 위해
「인슐린」이 분비되어 혈액 속 포도당을 간과 근육으로 옮긴다. 옮겨진 포도당은 글
리코겐이라는 형태로 저장된다. 저장하고도 남은 포도당이 있다면, 이를 지방으로
변환하여 간, 근육, 내장 등에 저장한다. 따라서 우리 몸이 위험하지 않도록 혈당치
를 내려주는 인슐린은 곧 살이 찌는 데도 핵심적인 역할을 한다.

반대로 체지방을 태우는 호르몬도 있다. 「아디포넥틴(adiponectin)」이다. 이 호르몬
은 공복 상태 또는 적당한 유산소 운동을 할 때 분비된다. 음식에서는 콩, 두부, 등푸
른생선, 견과류 등이 아디포넥틴을 활성화하는 데 도움을 준다.

키토제닉 다이어트의 원리

인슐린이 살을 찌게 한다고 했지만, 보다 정확히 말하면 인슐린을 자극하는 「당」이
살을 찌게 하는 원인이다. 따라서 「탄수화물을 줄이는 것이 체중감량의 핵심」이다.
그러므로 탄수화물 섭취를 소량으로 제한하고, 대신 지방을 섭취한다. 이렇게 탄수

화물을 줄이면 혈당이 내려간다. 그러면 우리 몸은 에너지로 사용할 포도당이 부족해지므로, 췌장에서 글루카곤(혈당을 올려주는 호르몬)을 분비하여 간과 근육에 저장해둔 글리코겐을 분해하여 사용한다. 이후 글리코겐까지 고갈되면 마침내 지방을 태워서 생성된 케톤체라는 것을 연료로 사용하기 시작한다. 탄수화물 대신 지방을 섭취한다는 것은, 신체의 에너지원을 포도당이 아닌 케톤으로 활용하는 것이고, 바로 이것이 「키토제닉(ketogenic)」이다. 이렇게 지방을 에너지로 사용하는 대사 상태를 「키토시스 상태」라고 한다.

탄수화물을 적게 먹을 이유 : 노화, 염증, 혈관건강, 제2형당뇨

포도당은 대사과정에서 많은 활성산소를 생성하여 노화의 원인이 되며, 각종 염증 등을 일으키기도 한다. 뿐만 아니라, 최근에는 알츠하이머, 심장질환, 암, 백내장, 파킨슨병 등이 탄수화물의 과도한 섭취가 원인이라는 지적도 있다.

혈관건강 이상의 주범으로 지목되는 콜레스테롤 문제 또한 지방이 아닌 탄수화물 때문이다. 콜레스테롤은 우리 몸 안에서 자연적으로 생성되는 물질로서, 신체 구성에 필수적인 물질이다. 그리고 자연 상태의 식이 콜레스테롤은 건강에 영향을 미치지 않는다는 연구 결과도 있다. 대다수의 사람들은 콜레스테롤의 섭취량과 관계없이 체내에서 자연적으로 합성을 조절하기 때문에 큰 영향을 받지 않는다. 단순히 콜레스테롤 수치가 높은 것만으로 건강의 적신호라고는 할 수 없다. 다만, 문제는 콜레스테롤이 산화되어 변성하는 것이다. 고탄수화물, 즉 당화분자는 콜레스테롤 산화의 주범이며, 이는 동맥 내벽에 염증반응을 일으킨다. 이렇게 혈중 단백질이 당화된 정도를 나타내는 것이 「당화혈색소」 수치이다. 이 수치는 뇌혈관 문제나 당뇨와도 관련이 있다.

제2형당뇨병의 원인 중 하나로 탄수화물의 과도한 섭취를 말하기도 한다. 고탄수화

물 식단으로 인슐린 분비가 많아지면서 췌장에 무리가 오고, 이 때문에 인슐린의 기능이 저하된다는 것이다. 그러면 혈당이 높아지면서 더 많은 인슐린을 필요로 하는 악순환이 일어난다. 즉 인슐린의 반응 체계가 망가졌다고 할 수 있다. 이처럼 인슐린 저항성이 높아지는 제2형당뇨병을 치료하는데 키토제닉 식이요법도 도움이 된다. 다만, 인슐린을 생성하는 세포가 파괴된 제1형당뇨병의 경우, 고혈당 상태에서 즉 인슐린이 작동하지 않는 상태에서는 케톤체가 생성되어 혈액을 산성화시킬 수 있기 때문에 식이방법을 선택할 때는 주의가 필요하다. 즉, 제1형당뇨를 제외하고 일반적으로 혈당치가 정상범위인 경우에는 케톤체가 에너지원으로 사용된다는 그 자체는 큰 문제를 일으키지 않는다.

탄수화물의 단점만 본다면, 탄수화물을 아예 안 먹으면 될 텐데 왜 굳이 챙겨먹는 것일까?

탄수화물은 섭취 후 에너지로 전환되기까지의 시간이 영양소 중 가장 짧아 에너지 효율이 좋고, 소량 섭취 시 지방분해에 도움을 주기도 한다. 그리고 탄수화물의 일종인 식이섬유는 장내 유익균층을 늘려주고, 적당한 당 섭취는 항우울 호르몬인 세로토닌의 분비를 촉진하여 심신의 안정과 소화를 돕는다. 탄수화물 섭취를 지나치게 제한하면 두통, 복통, 갈증, 메스꺼움, 안구건조, 갑상선 이상 등 대사에 문제가 생길 수도 있다. 장기적인 관점에서는 탄수화물 또한 부족하면 안 되는 영양소이다. 따라서 혈당을 급격히 올리지 않고, 저항성 전분*도 풍부한 복합탄수화물 위주로 소량을 먹는 것이 좋다. 또한 탄수화물 섭취를 제한하는 키토제닉 다이어트를 할 때는 부작용을 줄이기 위해 칼륨이나 마그네슘 등의 전해질과 수분을 보충하는 것이 좋다.

*저항성 전분_ 체내에서 소화효소에 의해 쉽게 분해되지 않는 전분. 소장에서 흡수되지 않고 대장에서 유익균의 먹이가 된다. 콩, 잡곡, 감자 등에 많이 들어있다. 쌀밥을 차게 식혀 먹는 것도 저항성 전분을 섭취하는데 도움이 된다.

4   지방을 먹어야 하는 이유 : 근손실과 요요를 방지

탄수화물을 줄이면서 지방까지 안 먹으면 살이 더 잘 빠지지 않을까?

우리 몸에는 하루에 필요한 대사량이 있다. 그 에너지를 채워주지 않으면 우리 몸은 스스로를 기아 상태라고 인식한다. 그래서 섭취하는 영양분을 지방으로 저장하고, 몸의 여러 기능을 떨어뜨린다. 즉 기초대사량이 낮은, 살이 잘 찌는 체질이 된다. 극단적인 절식 또는 금식 다이어트가 반드시 요요현상을 동반하는 이유가 바로 대사량 저하와 지방 축적량 증가 때문이다. 또한 이 상태에서는 지방 사용을 억제하는 동시에 에너지원으로 단백질 사용이 쉬워져 근손실 또한 쉽게 발생한다. 따라서 이런 대사 저하를 일으키지 않으려면 기초적인 섭취 열량을 채워야 하는데,「지방 섭취로 기초 열량을 채우는 것」이 바로「키토제닉의 핵심」이다. 지방은 인슐린 생성에 관여하지 않을뿐더러 식욕억제 호르몬인 렙틴의 분비를 유도한다.

또한, 지방은 세포의 구성과 호르몬 대사 등에 꼭 필요하며, 지용성 비타민(A, D, E, K)의 흡수에도 필요하다. 지방은 g당 열량이 높아 적은 양으로도 필요한 비율을 채울 수 있는데, 이는 동물성 식재료에서 지방이 풍부한 부위와 소량의 견과류나 오일 한 스푼에서도 얻을 수 있다.

5   단백질 : 적어도 많아도 문제

단백질은 우리 몸의 성장과 재생에 중요한 필수 영양소이다. 근육, 뼈, 혈액, 손발톱, 머리카락 등 몸의 대부분을 구성할 뿐만 아니라 호르몬이나 효소, 항체 등의 구성 성분이기도 하다. 따라서 반드시 일정량 체내에 공급되어야 한다. 그러나 적정량을 초과하여 섭취했을 때는 소량의 포도당으로 재합성되기도 하기 때문에 당질 제한을 방해할 수도 있다.

또한 단백질은 탄수화물, 지방과는 다르게 구성 원소에 질소가 있어, 과도하게 섭취하면 혈중 요산수치가 지나치게 높아져 통풍을 일으키기도 한다. 따라서 단백질도 적당히 섭취해야 간과 신장의 부담을 덜어주고 체내 염증 감소에 도움이 된다. 세계보건기구(WHO) 기준 1일 권장단백질 섭취량은 40~60g이다. 키토제닉 식단 구성에서 꼭 필요한 단백질의 양은 일반적으로 체중 1kg에 1g인데, 개인 활동량이나 신체 상태에 따라 달라지기 때문에 체중 1kg에 0.88~1.4g이 적당하다.

키토제닉의 부작용 : 키토 플루

키토제닉 다이어트의 대표적인 부작용은 「키토 플루(keto flu)」이다. 두통, 집중력 저하, 갈증, 어지러움, 메슥거림, 복통, 근육통, 불면증, 두근거림 등의 증상이다. 수분, 염분, 마그네슘, 칼륨 등의 전해질이 부족해지면서 생기는 현상이다. 이럴 때에는 식단에 염분을 추가하거나 물을 많이 섭취해야 한다. 피부에 발진이 생기는 형태로 나타나는 「키토 래시(keto rash)」도 있다. 갑자기 탄수화물 섭취를 제한하면서 체내 항상성이 깨진 것이 피부에 드러나는 현상으로, 이때는 탄수화물 섭취를 일시적으로 조금 늘려주면서 천천히 적응해야 한다.

그리고 일시적으로 저혈당 증상인 현기증, 피로감, 혈압 상승 등이 나타날 수 있다. 이는 그동안 당분을 주에너지원으로 써왔기 때문에 아직 케톤체가 원활히 생성되지 않았기 때문에 일어나는 현상으로, 케톤을 주에너지원으로 사용하는 키토시스 상태에 적응하는 동안 일어나는 자연스러운 현상이다. 이런 현상이 일어나는 동안 신체는 탄수화물을 섭취하지 않더라도 간에서 단백질을 분해하여 대사를 위한 최소한의 포도당을 만들어낼 수 있다. 따라서 기저질환이 없다면 크게 염려하지 않아도 된다.

커지는 채식 시장

브래드 피트, 나탈리 포트만, 폴 매카트니, 아리아나 그란데, 제이슨 므라즈 등 많은 유명인들이 채식을 하고 있다. 또한 권투의 마이크 타이슨, 테니스의 비너스 윌리엄스, 보디빌더 제히나 말릭 등 다양한 분야의 운동선수들도 식물성 음식을 통해 에너지를 얻는다. 맥도날드에서는 채식인을 위한 베지 버거를 내놓았고, 피자헛에서도 비건 치즈를 사용하여 피자를 만든다. 스타벅스에서는 라떼를 주문할 때 일반 우유가 아닌 아몬드밀크를 선택할 수 있고, 하겐다즈에서는 아이스크림을 우유로만 만들지는 않는다. 콩으로 만든 고기와 참치, 달걀이 없는 마요네즈도 더 이상 신기하고 낯설지만은 않다. 매주 일요일은 「Meatless Monday」라 하여 「고기 없는 월요일」이라는 캠페인도 있다.

지금 푸드 트렌드에서 가장 핫한 키워드는 단연 「채식」이고, 그것은 결코 일시적이지 않다. 전 세계 채식인구는 꾸준히 늘어나고 있다. 세계의 채식시장은 2017년 10억 5000만 달러(약 1조 2300억 원)에서 2025년 16억 3000만 달러(약 1조 9000억원)로 성장할 전망이다.

우리나라 또한 채식 열풍에 동참하고 있다. 한국채식연합에 의하면 현재 우리나라 전체 인구의 2~3%인 100~150만 명이 채식인이라고 한다. 그중 비건 인구는 50만 명 정도로 추정된다. 우리나라에서도 채식식당을 찾는 일이 어렵지 않고, 베지테리언을 위한 메뉴가 준비된 곳도 많다. 채식에 대해 알리고자 하는 사람들의 움직임 또한 바쁘다. 이렇듯 건강뿐만 아니라 환경, 동물권(animal rights)에 대한 의식이 향상되면서 전 세계적으로 채식인구가 늘어나고 있다. 아마도 채식은 인류 미래의 주류 양식으로 자리잡을 트렌드가 아닐까 생각해본다.

인간 건강에 도움이 되고, 지구상에서 생존할 수 있는 확률을 높이는 데에는
채식주의 식단으로의 진화만한 것이 없다.
— 알버트 아인슈타인

채식은 건강과 육체적 활력뿐 아니라 마음과 행동에도 지대한 영향을 미친다.
— 토마스 에디슨

나는 운동선수로 성공하기 위해 고기로부터의 단백질이
필요하지 않다는 것을 알게 되었다.
— 칼 루이스

채식의 단계

- 프루테리언(Fruitarian) 채소 중에서도 줄기나 뿌리는 제외하고 오로지 열매인 과일과 씨앗만 먹는다. 식물도 생명체이기 때문에 함부로 먹을 수 없다는 철학을 가졌으며, 애플창업자 스티브 잡스가 지키던 건강관리법으로도 널리 알려져 있다.
  과일, 곡식, 견과.

- 로우비건(Raw-Vegan) 식재료는 완전 비건과 동일하다. 불을 사용해 음식을 가공하지 않고 자연 상태로 먹거나 말려서 섭취한다.
  과일, 곡식, 견과, 채소의 잎과 줄기와 뿌리.

- 비건(Vegan) 육류와 가금류, 난류, 어류, 유제품, 꿀 등을 모두 먹지 않는 엄격한 채식주의.
  과일, 곡식, 견과, 채소의 잎과 줄기와 뿌리.

- 베지테리언(Vegetarian) 식물성 식이를 기반으로 어떤 동물성 식품군을 추가로 섭취하는가에 따라 경계가 나뉜다. 기본적으로 우유나 난류처럼 동물을 희생하지 않고 얻을 수 있는 식품을 먹는다.

- 락토 베지테리언(Lacto Vegetarian) 베지테리언에 유제품을 허용한다. 여기서부터는 동물성 식품을 먹기 때문에 엄밀히 말해 채식으로 분류하기 어렵다.
  과일, 곡식, 견과, 채소의 잎과 줄기와 뿌리, 달걀, 꿀.

- 오보 베지테리언(Ovo Vegetarian) 베지테리언에 난류를 허용한다.
  과일, 곡식, 견과, 채소의 잎과 줄기와 뿌리, 달걀, 꿀.

- 락토-오보 베지테리언(Lacto-Ovo Vegetarian) 난류와 유제품을 모두 허용한다.
  과일, 곡식, 견과, 채소의 잎과 줄기와 뿌리, 유제품, 달걀, 꿀.

- 페스코 베지테리언(Pesco Vegetarian) 난류와 유제품에 해산물을 허용한다.
  과일, 곡식, 견과, 채소의 잎과 줄기와 뿌리, 유제품, 달걀, 꿀, 해산물.

- 폴로 베지테리언(Polo Vegetarian) 닭과 같은 백색육을 허용한다.

  과일, 곡식, 견과, 채소의 잎과 줄기와 뿌리, 유제품, 달걀, 꿀, 가금류.

- 폴로-페스코 베지테리언(Polo-Pesco Vegetaria) 해산물과 가금류를 허용한다.

  과일, 곡식, 견과, 채소의 잎과 줄기와 뿌리, 유제품, 달걀, 꿀, 해산물, 가금류

- 플렉시테리언(Flexitarian) 기본적으로 채식주의를 지향하지만 사정상, 또는 자기 나름대로의 허용된 기준 안에서 육류(적색육)를 먹는 경우다. 고기를 덩어리째 먹지 않는 비(非)덩주의, 공장식 농장에서 생산된 육류만 먹지 않는 경우, 특정 육류만 먹지 않는 유형의 사람들도 여기에 속한다. 곤충류를 먹는 것은 허용하는 경우도 있다. 느슨한 채식주의라고도 한다.

첫째는, 윤리적인 문제다.

고통과 쾌락을 느끼는 동물은 인간과 동등한 생명권을 지니는데, 인간이 동물에게 고통을 주면서 하는 육식은 비윤리적이라는 것이다. 또한 공장식 축산이나 공장식 양계 등 폭력적인 사육과 도살환경도 지적한다. 이는 동물복지 식재료에 대한 인식 과 수요가 늘어나야만 해결될 수 있을 것이다. 해산물의 무분별한 남획은 해양생 물의 다양성을 침해하기도 한다. 그 밖에도 윤리적 이슈가 있는 식재료로는 아보카 도, 코코넛, 커피, 초콜릿 등이 있다. 이러한 시선은 공정무역이나 로컬푸드로 관심 이 이어지고 있다.

둘째는, 환경 문제다.

가축 사육은 기후 변화에 영향을 미친다. UN에 따르면 전 세계 온실가스의 18%는 가축이 내뿜는 트림과 방귀의 메탄가스이며, 이는 이산화탄소에 비해 21배의 온실 효과를 일으킨다고 한다. 또한 가축 사육에 들어가는 막대한 양의 토지와 물, 그로 인해 배출되는 폐기물 또한 무시할 수 없다. 동물 사육에 필요한 땅을 얻기 위해 많 은 열대우림이 파괴되고 있다. 하지만 공장식 축산업과 마찬가지로 채소 또한 기계 적, 화학적 방식으로도 생산되고 있다. 특히 아보카도의 경우, 농장에서 엄청난 물을 소모하며 비료와 제초제를 사용하여 환경 오염과 산림 파괴, 대기 오염까지 일으킨 다. 따라서 유기농, 무농약 식재료를 찾는 노력이 필요하다.

건강한 식단을 위해 피할 것 : 채식인뿐만 아니라

1 _____ **가공식품**

햄, 소시지, 라면, 통조림, 탄산음료, 과자 등 가공식품은 건강에 이롭지 않다. 평소에 무심코 마시는 탄산음료 속의 액상과당은 체내 흡수가 빠르고 식욕억제 호르몬을 분비하지 않기 때문에 좋지 않다. 트랜스지방이 함유된 식물성 경화유인 쇼트닝, 마가린 등을 사용한 식품도 피하는 것이 좋다. 방부제, 안정제, 착색제, 질산염 등 각종 첨가물이 들어간 가공육, 라면, 통조림 등도 마찬가지다. 이러한 각종 가공식품은 영양소가 부족한 데 비해 설탕, 탄수화물, 포화지방, 염분은 과도하게 들어있다. 또한, 식품을 고온으로 처리하고 포장하는 과정에서 발생하는 유해물질은 고혈압이나 심장질환, 암 등을 일으킬 수 있다.

2 _____ **건강하지 않은 식재료**

깨끗한 환경에서 기르지 않는 동물의 고기는 항생제나 호르몬 등 여러 유해물질에 오염될 수 있다. 따라서 목초 먹인 소, 방목 돼지, 무항생제 육류 및 달걀 등 품질에서 대안을 찾는다. 목초를 먹여서 기른 가축의 고기는 밀이나 옥수수 등의 곡물 사료로 사육한 고기보다 오메가 3, 공액리놀레산, 포화지방 등의 함유율이 높다는 것이 장점이다.

유제품의 경우, 안전하고 위생적인 환경에서 생산되는 것이 중요하다. 유제품은 유당불내증이 있는 사람에게는 설사나 위장장애를 일으킬 수 있으며, 유단백이 알레르기와 자가면역질환의 원인 중 하나라는 의견도 있다.

해산물의 경우, 바다생물에 축적되는 수은, 양식과정에서 사용하는 GMO 사료, 항생제와 살충제 등의 문제점이 있다.

달걀도 무항생제 인증, 자연방사란, 동물복지 달걀, 목초 달걀 등 건강한 제품들이 늘어나고 있다.

유제품은 유당불내증이 있는 사람에게 설사나 위장장애를 일으킨다. 유단백이 알레르기와 자가면역질환의 원인 중 하나라는 의견도 있다.

각종 곡물의 GMO(Genetically Modified Organism, 유전자변형식품)도 문제다. GMO 식품은 장기간 섭취할 때 안전성이 입증되지 않았다. 우리나라에서 GMO 비율이 높은 수입식품은 옥수수와 콩이다. 곡물을 정제해서 전분당이나 식용유 등으로 만드는 경우에는 GMO 성분이 남아있지 않다고 주장하기도 하지만 아직까지 안전성에 논란의 여지가 있다. 대표적인 GMO 가공식품으로 소주나 막걸리에 들어가는 아스파탐, 액상과당, 카놀라유, 간장, 옥수수, 레시틴 등이 있는데, 최근에는 식품 원재료뿐만 아니라 가축의 사료에도 NON-GMO를 찾으려는 노력이 늘어나고 있다.

정제된 탄수화물과 밀가루   3

섬유소가 깎인 정제된 탄수화물은 혈당지수(GI)가 높아 혈당이 빠르게 치솟는다. 따라서 현미, 귀리, 콩 등 복합탄수화물 위주로 섭취해야 한다.

밀, 통밀, 호밀, 보리, 전분, 쌀보리, 맥아 등에는 글루텐이라는 단백질이 들어있는데, 이 글루텐이 제대로 분해되지 않으면 장내에 남아있는 글루텐이 장 점막을 손상시켜 면역계를 자극한다. 이는 치매, 다발성경화증, 자폐증, 우울증 등과 같은 신경계질환을 일으킬 수 있다. 과민반응이 없는 경우에는 해가 되지 않지만 글루텐불내증, 셀리악병 환자에게는 특히 좋지 않다. 그렇지만 글루텐 성분을 제거한 글루텐프리 식품도 단백질을 제거하면서 당류를 강화한 제품일 수 있으니 주의해야 한다.

채식 탓이 아닙니다 : 잘못된 채식

1 _____ ### 채식하는데 아파요. 채소의 공격, 과유불급

채식을 진행하는 동안 부작용이 일어날 수 있다.

녹색잎 채소는 포만감과 함께 식이섬유와 각종 영양소를 제공한다. 그러나 채소를 많이 먹었을 때 배에 가스가 차고 변비가 생길 수 있다. 이것은 과도하게 섭취한 섬유소가 제대로 배출되지 않아 대장에 생성된 박테리아가 소장까지 침범하는 현상이다. 이것을 SIBO(Small Intestine Bacterial Overgrowth, 소장내 세균과잉 증식)이라고 한다.

따라서 차가운 샐러드나 생채소보다는 가급적이면 데치거나 익혀 먹는 것을 추천한다. 삶은 양배추나 미역, 다시마 등의 수용성 식이섬유가 좋다. 생채소를 먹고 싶다면 가끔 간식으로 소량 섭취하는 것으로도 충분하다.

식물에 포함된 독소인 「렉틴」 또한 장을 자극하여(장누수증후군) 자가면역질환이나 알레르기성 질환을 일으킬 수 있다. 렉틴은 가지, 토마토, 오이 등 가지과채소와 콩, 완두콩, 렌틸콩 등 콩과식물에 많이 들어있다. 렉틴은 압력을 가해 조리하면 어느 정도 제거되며, 발효를 통해서도 완화시킬 수 있다. 콩과식물은 미리 하루 정도 불려서 사용하는 것이 좋다. 건강한 사람이라면 알레르기나 과민반응이 일어날 확률은 크지 않지만, 발효콩 종류 위주로 적정량을 섭취하는 것이 좋다.

2 _____ ### 채식하는데 왜 살이 안 빠져요? 가짜 채식 경보, 정크 비건

완벽한 채식이라 해도 건강하지 않을 수 있다. 흰쌀밥 속 정제 탄수화물, 아이스크림의 유화제와 증점제, 샐러드 드레싱의 당분 등 건강해 보이는 음식에 숨은 복병이 있기 때문이다. 섭취하는 음식의 재료와 성분을 제대로 알아야 진짜 건강한 식단이 될 수 있다.

일반적으로 케이크, 과자, 아이스크림 등에는 달걀과 유제품이 들어간다. 그러나 동물성 재료를 넣지 않고도 빵이나 케이크, 아이스크림 등을 만들 수 있다. 우유 대신 아몬드밀크나 두유를, 달걀 대신 치아씨 또는 아마씨를 사용한다. 그리고 글루텐을 피하기 위해 밀가루를 현미가루나 아몬드가루로 대체하기도 한다. 그러나 이러한 디저트를 만들 때는 견과류 파우더를 주로 이용하기 때문에 의외로 탄수화물의 섭취량이 많다. 그리고 단맛을 내기 위해 사용하는 당류나 인공감미료, 쇼트닝 등도 주의해야 한다. 또한 포도씨유, 해바라기씨유, 카놀라유, 현미유 등 식물성기름은 열을 가하면 산패되기 쉽기 때문에, 비건 베이킹이라고 해서 아주 건강한 음식은 아니라고 할 수 있다. 요즘은 키토 친화적 방식으로 만드는 베이커리가 늘어나고 있으니, 재료를 꼼꼼히 살펴보고 적당량을 먹는 것이 중요하다.

채식? 키토제닉? 뭐가 정답이야?:
지방과 탄수화물의 분리

채식은 키토제닉과 다소 대립적인 느낌이다. 단백질과 지방이 풍부한 동물성 음식을 제외하고 곡물, 채소, 견과 등을 섭취하기 때문이다. 「탄수화물을 줄이는 것이 체중감량의 핵심」인 키토제닉보다 채식은 상대적으로 탄수화물 비중이 높아 키토제닉 식단을 하기에 불리하다. 그러나 음식물 섭취가 인슐린을 자극하지 않아야 한다는 원리는 같다. 건강한 채식 식단은 「탄수화물을 제한하지 않는 대신, 질 좋은 탄수화물을 섭취하는 것이 핵심」이다.

단순당(가수분해로 더 이상 간단한 화합물로 분해되지 않는 당류. 포도당, 과당, 갈락토스 등)으로 분해되기 쉬운 탄수화물은 바로 체내에 소화 흡수되기 때문에 혈당을 빨리 높이고 인슐린의 급격한 분비를 유도한다. 즉, 살이 찐다. 하지만 단순당으로 분해되어 흡수하는 데 시간이 오래 걸리는 복합탄수화물은 혈당을 천천히 상승시키기 때문에 소량의 인슐린만 분비시킨다. 따라서 지방으로 전환되는 비율이 낮다. 탄수화물마다 혈당을 증가시키는 속도가 다르고 이 속도를 혈당지수(GI지수)라고 하는데, 채식 식단으로 체중 감량을 하려 한다면 백미, 밀가루, 설탕 등의 혈당지수가 높은 음식은 피하고, 혈당지수가 낮으면서도 채식에서 모자란 단백질을 보충해 줄 수 있는 현미, 콩 등의 통곡물이나 채소 등의 비중을 높여야 한다.

키토제닉의 가장 큰 핵심 중 하나가 「탄수화물과 지방을 동시에 과도하게 섭취하지 않는 것」이다. 인슐린은 그 자체로 탄수화물을 지방으로 전환시키기도 하지만, 지방의 소화 흡수를 촉진하는 리파아제라는 소화효소를 분비하는 자극원이 되기 때문이다. 리파아제는 섭취한 지방을 흡수하기 쉬운 크기로 잘게 쪼갠다. 만약 탄수화물과 지방을 동시에 섭취한다면 인슐린의 작용으로 리파아제 분비가 촉진되고 지방 역시 잘게 쪼개져서 쉽게 흡수된다.

키토제닉과 채식은 얼핏 보기엔 대립적인 관계처럼 보이지만, 핵심은 「탄수화물을 지방과 함께 너무 많이 섭취하지 않는다」는 것이다. 왜냐하면, 과도한 탄수화물이 자극한 인슐린이 여분의 포도당과 지방을 체지방으로 변환시키기 때문이다.

- 탄수화물 + 단백질 = SO SO   전통적인 채식 식단. 지방 섭취를 제한하는 것과 양질의 탄수화물을 섭취하는 것이 중요.
- 탄수화물 + 지방 = BAD   잘못된 식단. 탄수화물 위주의 식재료에 지방을 더한 빵, 과자, 감자튀김 등의 음식은 살이 찔 수밖에 없다.
- 지방 + 단백질 = GOOD   키토제닉 식단. 인슐린을 자극하지 않는다. 탄수화물의 양을 줄이는 것이 필수. 다만 단백질을 과다 섭취하면 당신생(gluconeogenesis) 과정에 의해 포도당으로 전환되기도 하니 주의한다.

당연한 이야기지만, 어떤 방식을 택하든 적당한 양을 섭취하는 것 또한 중요하다. 과도한 칼로리 섭취는 체중 뿐 아니라 건강에 좋지 않은 영향을 주게 마련이다. 하지만 반대로 칼로리를 극도로 제한하는 초절식이나 금식, 원푸드 다이어트 등 지나치게 극단적인 식단 또한 장기적 영양 불균형으로 인한 건강 문제를 초래한다. 과유불급이라는 말처럼 어떤 식단을 택하더라도 자연스러운 적응과정을 거쳐야 하며, 「건강」을 가장 핵심적인 기준으로 삼아야 한다.

「채식＋키토제닉」에
간헐적 단식을 더할 이유

「채식＋키토제닉」에서 가장 어려운 것은, 탄수화물 비중을 낮게 유지하면서 지방으로 식단을 채워야 한다는 점이다. 탄수화물과 결합하지 않은 순수 식물성 지방만으로 식단을 구성하기란 매우 어려운 일이다. 또한 단백질을 섭취하기 위해 먹는 콩, 견과류 등에도 생각보다 많은 탄수화물이 함유되어 있다. 그래서 빠른 체중감량을 위해서는 1일 1식 또는 간헐적 단식을 함께 적용하는 방법이 매우 효과적이다. 공복은 혈당 안정이나 인슐린 저항성 개선에도 도움을 준다. 16：8이 가장 일반적인 방법인데, 공복시간은 보통 16시간, 식사시간은 8시간으로 그 범위를 정한다. 아침 한 끼만 거르면 되므로 일상에서 어렵지 않게 시도해볼 수 있다. 다만, 우리 몸이 당 대사에 익숙한 상태에서 단식을 하면 지방을 비축하는 기아상태로 들어간다. 따라서 저탄고지(저탄수고지방) 식사로 지방대사에 어느 정도 익숙해졌을 때 단식을 시도하는 것이 좋다.

단식을 하는 동안에는 장과 면역계가 충분히 쉴 수 있고, 인슐린 저항성을 개선할 수도 있다. 또한 성장호르몬의 농도를 높여 노화 속도를 늦추는 효과도 기대할 수 있다. 다만, 몸 안의 급격한 체지방 감소는 호르몬에 영향을 주어 생리불순 등을 일으키기도 한다. 폭식이나 영양불균형에 주의하면서 무리하지 않게 시도하는 것이 중요하다.

「채식＋키토제닉」: 식단 구성의 원칙

1 _____ **탄수화물의 양은 적어야 한다**

쌀, 빵, 면 등은 피하는 것이 기본이다. 감자, 당근, 양파 등의 뿌리채소 종류는 탄수화물이 많이 들어있는 편이므로, 통곡물이나 씨앗류처럼 단백질과 식이섬유가 풍부한 식품을 선택하는 것이 좋다. 녹색채소와 해조류, 버섯 등은 비교적 많이 먹어도 좋고, 과일은 과당이 많기 때문에 주의해서 섭취한다.

2 _____ **질 좋은 지방을 먹는다**

식물성 오일, 견과류, 아보카도, 올리브 등 좋은 식물성 지방에서 에너지를 얻는다. 동물성 식품에 많은 포화지방은 지방분자가 짧은 중단쇄 지방산이라 변이가 적고 안정적이다. 반면에 식용유, 카놀라유, 포도씨유 등의 불포화지방은 오메가6의 비율이 높아 쉽게 산화되고, 그것이 염증을 일으키는 원인이 되기도 한다. 따라서 변이가 적은 코코넛오일이나 아보카도오일 등을 추천한다. 키토제닉 식단에 특히 도움이 되는 오일은 MCT오일이다. MCT오일은 코코넛오일에서 대사작용이 없는 라우르산을 제거한 것으로, 대사율이 높기 때문에 일반 지방보다 쉽게 분해되어 즉시 에너지로 전환된다. 이는 지방을 우선적으로 연소할 수 있는 체질로 만들어주기 때문에 근력 감소를 방지할 수 있다. 견과류는 마카다미아나 호두 등 지방이 많은 견과류가 좋고, 캐슈넛이나 땅콩은 탄수화물이 많은 편이니 주의한다. 가공버터나 마가린 등의 트랜스지방은 절대적으로 피해야 한다.

3 _____ **적당한 양의 식물성 단백질을 구성한다**

「채식＋키토제닉」에서 가장 어려운 부분이다. 하루 대사량에 필요한 지방을 섭취하는 것은 생각보다 어렵지 않지만, 단백질의 양이 적거나 많지 않게 식단을 구성하는 것은 신경을 많이 써야 하는 일이다. 또한 콩류나 채소류에는 메티오닌이, 곡류나 견과류에는 라이신이 부족하다. 따라서 다양한 종류의 식물성 단백질을 함께 섭취하여 필수 아미노산을 보충해야 한다.

건강한 몸을 위한 습관

건강은 식단뿐 아니라 다양한 요소들로 인해 총체적으로 얻어지는 것이다. 따라서 평소 대사가 원활하고 노폐물이 잘 배출되는 몸을 만들려면 습관이 중요하다. 일상 생활 속에서 한 걸음 더 건강해질 수 있는 방법을 알아보자.

1 비워내기 : 장 건강이 시작

장 건강은 아무리 강조해도 지나치지 않다. 장에는 우리 몸에 있는 면역세포의 70% 가 분포하고 있다. 따라서 장이 건강하지 않으면 각종 면역질환이나 알레르기 등이 나타난다. 또한 장내 유익균의 비율은 비만이나 우울증과도 연관이 있다. 장내에 노폐물이 오래 머무르고 유해균의 비율이 유익균보다 많아지면, 피부를 비롯하여 몸 전체에 각종 문제가 나타난다. 특히 장내에 칸디다균이 과다 증식하면 장누수증후군을 유발하며, 소화장애, 폭식, 불면증, 만성피로, 아토피, 두통 등 각종 질환을 일으킨다. 그러므로 채식 위주의 식습관과 함께 변비를 비롯한 장 문제를 먼저 개선해야 한다.

장내 유익균의 비율을 높이려면 평소 식이섬유와 수분이 부족하지 않은 식사를 해야 한다. 식이섬유는 장내 노폐물을 배출시키고, 혈당이 오르는 것을 막아준다. 특히 육류 위주의 식사는 섬유질이 부족해질 수 있으므로 주의한다. 다이어트를 위한 지나친 소식, 과도한 불용성 식이섬유의 섭취 또한 변비를 일으킨다. 그리고 항생제, 제산제, 소염제 등도 장내 유익균이 줄어드는 데 영향을 미친다. 장내 건강을 유지하기 위해서는 균형 잡힌 식단과 적당한 운동으로 규칙적인 배변활동을 해야 한다. 좋은 것을 채우는 것보다 오히려 깨끗하게 비우는 것이 더 중요하다.

2 체온 1도 올리기 : 살 안 찌는 체질

체온이 올라가야 면역력도 높아진다. 체내 면역세포인 백혈구는 36.5~37℃에서 가장 활발하다. 체온이 1℃ 떨어지면 백혈구 활동이 30% 이상 저하되고, 1℃ 오르면 백혈구 활동이 일시적으로 5~6배 활발해진다는 연구 결과도 있다. 내장 온도는 35~40℃가 적절하다. 그보다 내려가면 장운동이 둔화되고, 소화효소의 활동성이 떨어진다. 따라서 장내 유익균도 줄어들고, 면역력이 떨어지는 원인이 된다. 그래서 평소에 찬 음식은 멀리하는 편이 좋다. 항상 찬물은 피하고 미지근한 물이나 적당히 따뜻한 온도의 물이나 차를 마시는 것이 좋다. 가끔 찬 음식을 먹더라도, 전후에 따뜻한 음식을 함께 먹으면서 몸 내부의 체온을 유지해야 한다. 몸이 찬 편이라면 생강이나 계피가 도움이 된다. 체온이 올라가면 순환이 잘 되어 몸의 부종도 많이 빠진다. 샤워할 때 바디브러시를 이용하여 마사지로 림프순환을 돕는 것도 좋다. 몸을 항상 따뜻하게 하는 것이 가벼운 몸을 유지하는 기본이다. 「살 안 찌는 체질」이 되고 싶다면 따뜻한 음식과 친해지자.

식후 걷기와 단식 : 폭식 면죄부

격렬한 운동으로 체중을 줄이는 것은 강한 의지와 실천력이 필요하다. 고강도의 근육운동과 힘든 유산소운동은 폭식을 일으킨다. 그리고 장시간 운동은 급성 스트레스에 반응하여 분비되는 코르티솔 수치를 높여 오히려 혈당을 올리고 체중이 증가한다. 공복 유산소운동 또한 체지방을 빠르게 분해한다는 장점이 있지만, 에너지가 부족한 상태에서의 과도한 운동은 근손실이 일어날 수 있다.

하지만, 「걷기」는 비교적 부담없이 누구나 할 수 있는 쉬운 운동이다. 식후 30분에서 1시간 정도 적당한 속도로 걷는 것을 추천한다. 식후에 걷는 것은 혈당치 상승을 억제하는 데 도움이 되며, 햇빛을 받으며 기분 좋게 걷는 것은 스트레스 해소에도 좋아 코르티솔 수치 감소에도 도움이 된다. 그리고 적당한 운동은 깊은 수면을 유도해 식욕자극 호르몬인 그렐린이 억제된다. 즉, 야식을 먹지 않게 된다. 걷는다는 것은 단순히 칼로리를 태워 소비하는 목적보다 건강한 생활 패턴과 식단을 유지할 수 있도록 도와주는 하나의 습관임을 명심하자.

4 과일의 두 얼굴, 어떻게 먹을까?

과일 속에 있는 과당은 간으로 바로 이동하기 때문에 혈당과 인슐린을 크게 자극하지는 않는다. 그러나 간에서 흡수된 과당은 포도당과 결합하여 중성지방을 만드는 데 주로 사용된다. 즉, 대부분이 지방으로 전환되어 체지방으로 쌓이거나 지방간을 유발한다. 또한 식욕억제 호르몬인 렙틴의 분비를 자극하지 못하기 때문에 포만감을 주기 어려워 과잉섭취를 할 수 있다. 이런 이유로 과거에는 과일이 에너지 공급원으로서 유용한 식량자원이었지만, 비만 문제가 대두되는 현대사회에서는 기호식품으로서의 가치가 더 높다고 할 수 있다.

더구나 최근 유통되는 과일은 인위적으로 당분을 조정하여 단맛을 극대화한 것들이 많다. 따라서 당 섭취를 염려해야 하는 현대인에게는 과일이 마냥 건강한 음식일 수는 없다. 또한 과당은 단백질과 결합하는 능력이 뛰어나 최종당화산물(AGEs, 당독소)을 생성하며 노화와 주름을 일으킨다. 더불어 유해균의 번식을 도와 요산을 만들어내서 신장결석이나 통풍의 원인이 되기도 한다.

그러나 과일에는 각종 비타민과 미네랄이 풍부하다. 과일 속 효소는 산성화된 몸을 중화시키며, 섬유질은 몸속 노폐물을 배출시킨다. 과일 속 수분과 섬유질은 과당을 어느 정도 희석해주기 때문에, 당 지수가 높지 않은 과일 위주로 가끔 조금씩 먹는 것이 좋다. 과일을 착즙하여 주스로 먹는 방식은 영양분을 체내로 빠르게 흡수시킨다는 장점이 있다. 그러나 섬유질이 제거된 과당이라는 점에서 장기적인 섭취는 권하지 않는다. 만약, 주스를 먹는다면 과일에 채소를 섞어 식이섬유의 비율을 늘리고, 착즙이 아닌 스무디 방식으로 섬유질과 함께, 너무 차갑지 않은 온도로 먹기를 권한다.

장 건강의 중요성이 대두되면서 프로바이오틱스의 인기가 치솟고 있다. 프로바이오틱스가 풍부한 식품으로는 요거트가 대표적이다. 그러나 유제품은 유단백 알레르기, 소화불량 등을 일으킬 수 있다. 그릭요거트가 아닌 일반 무가당 요거트에는 유청이 들어있고, 유청에도 소량의 유당이 들어있다. 이를 대체하기 위해 두유, 아몬드밀크, 코코넛밀크 등 식물성 우유로 요거트를 만들 수 있다.

최근에는 자연발효식초나 천연효모종(scoby)으로 만든 콤부차도 식물성 유산균을 섭취하는 방법으로 각광받고 있다. 이러한 유산균을 먹을 때 필요한 것이 「프리바이오틱스(pre-biotics)」다. 유산균의 먹이가 되는 프리바이오틱스는 우엉, 바나나, 고구마 등 주로 식이섬유가 풍부한 음식에 들어있다. 평소 식이섬유를 충분히 먹는다면 굳이 따로 먹을 필요는 없다.

유산균 제제를 섭취하고 싶다면 다양한 종류의 유산균이 있으니 각자의 특성과 목적에 맞게 선택한다. 프리바이오틱스가 포함된 제품인지, 제조유통과정에서 변질될 우려는 없는지, 장까지의 생존력이 좋은 제품인지 등을 따져보자. 또한 특정 균주에 대한 알레르기가 있을 수 있으므로 주의를 기울여야 한다. 대부분의 유산균은 빛, 공기, 습기 등에 민감하므로 냉장 보관하는 것이 좋다.

기타 영양제 및 보충제   6

키토제닉 식단을 진행할 경우 영양소 부족을 막기 위해 영양제를 섭취할 수 있다. 육류나 어패류, 달걀에서 섭취할 수 있는 비타민 B_{12}가 대표적이다. 이는 콩류 발효식품과 해조류에도 있지만 그 양이 충분치 않다면 보조제가 도움이 된다. 그리고 마그네슘, 칼륨, 오메가3, 프로바이오틱스, 프리바이오틱스, 비타민 D, 비오틴 등을 추천한다. 철분은 너무 많이 먹으면 해로울 수 있으니 주의해야 한다. 그 밖에 천연

항생제인 베르베린과 오레가노오일 등은 체내 염증을 줄이고 장내 유해균을 줄이는 데 도움이 된다.

* 당뇨환자의 경우에는 의사와의 상담이 필요하다.

7 기호식품 : 커피와 술

커피와 술은 대표적인 기호식품이다. 커피에 들어있는 카페인은 소장에서 칼슘과 철분의 흡수를 방해한다. 부신의 피로를 높이고 코티솔 분비를 늘리고, 질 좋은 수면을 방해하기도 한다. 그러나 커피에는 항산화 성분이자 장내 세균의 먹이가 되는 폴리페놀이 풍부하기 때문에 노화방지와 암예방에 효능이 있다. 커피에는 각종 긍정적인 효능도 많기 때문에 건강한 사람의 경우 적정량을 즐기면 문제가 없다.

술은 알코올 분해 과정에서 간에 무리를 준다. 과도한 음주는 인슐린 저항성, 복부비만 및 지방간을 일으킨다. 술이 분해될 때 생성되는 아세트알데히드는 1급 발암물질로 체내에 많은 활성산소를 발생시킨다. 또한 알코올은 1g에 평균 7kcal의 열량을 갖고 있기 때문에 술의 칼로리로 대사를 하는 동안에는 지방을 태울 수 없다. 때문에 체중을 감량할 때는 더더욱 음주를 피해야 한다.

그래도 술을 마셔야 한다면 달지 않은 와인, 보드카, 위스키, 데킬라, 진, 첨가물이 들어가지 않은 증류소주 정도를 마시는 것이 좋다. 맥주와 막걸리는 「마시는 빵」이라고 할 정도로 탄수화물이 많고, 대부분의 맥주에는 글루텐도 들어 있다. 또한 와인이나 맥주 등의 제조 과정에서 각종 동물성 재료를 이용하기 때문에 엄격한 채식인은 비건용 제품을 찾아서 마셔야 한다. 물론 레드와인 속 안토시아닌과 폴리페놀은 혈당치를 낮추고 심혈관계 질환에 도움이 된다는 긍정적인 면도 있지만, 커피와 술 모두 과도한 금지보다는 과음을 주의하고 적당한 빈도로 즐기는 것이 좋다.

준비 : 장비발 세우기

- **푸드프로세서** 수분이 적은 재료를 다지거나 걸쭉한 소스, 반죽 등을 만들 때 사용한다. 콜리플라워를 갈거나 견과버터를 만들 때 좋다.
- **믹서** 드레싱이나 소스, 스무디 등을 섞을 때 유용하다.
- **건조기** 과일칩, 마늘칩, 선드라이드토마토 등을 만들 때 사용한다. 저온에서 건조하기 때문에 효소가 파괴되지 않는 장점이 있다. 물에 불린 견과류를 말릴 때도 좋다.
- **에어프라이어** 기름없이 뜨거운 고온의 공기로 바삭한 튀김요리를 할 수 있다. 전통적인 딥프라이어보다 70~80% 기름을 덜 사용하여 다양한 식재료를 프라이할 수 있다.
- **스파이럴라이저** 애호박, 당근, 비트 등을 면처럼 뽑을 수 있다.
- **그레이터** 치즈뿐만 아니라 콜리플라워 라이스를 만들 때처럼 다양한 식재료를 갈 때 사용한다.
- **샐러드 스피너** 채소의 물기를 빠르게 제거할 수 있다.
- **전자저울** 영양소별로 재료의 무게를 재어 비율을 계산할 수 있기 때문에 편리하다.
- **쿠킹페이퍼** 유산지는 최고 220℃의 높은 온도를 견딜 수 있고 전자레인지에서도 사용할 수 있게 처리된 종이다. 특히 실리콘 코팅을 한 테프론 시트는 그 이상의 고온을 견딜 수 있다. 이 두 종류 모두 오븐팬에 깔아 재료가 눌어붙지 않게, 표면색이 너무 빨리 타지 않게 요리를 보호해주는 용도로도 다양하게 사용한다.
- **너트밀크백** 아몬드밀크를 짤 때처럼 건더기와 액체를 분리할 때 사용한다. 면포나 거름망, 체 등으로 대체하여 사용해도 괜찮다.

푸드프로세서

믹서

건조기

에어프라이어

스파이럴라이저

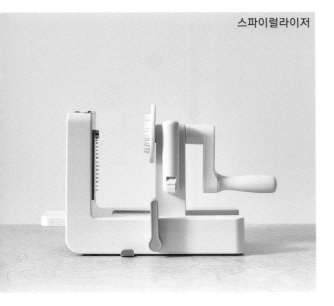

그레이터

집에 갖춰 두면 좋은 재료들

*락토-오보 기준

		좋은	피해야 하는	주의사항
오일 ― 버터		• **MCT오일**_ 160℃ 이하의 요리에 적합. 다른 포화지방보다 빠르게 케톤으로 전환되는 것이 장점. 장내 유해균 제거에도 효과적. 과량 섭취시 복통 유발 가능. 하루 섭취량 15~30g 넘지 않도록 주의. • **기버터**_ 염증성 유단백 카제인이 제거되어 유제품 알러지가 있는 사람에게도 적합. 튀김, 구이 등 모든 요리에 사용 가능. • **스모크드 엑스트라버진 올리브오일**_ 훈연향이 더해진 올리브오일. • **아보카도오일**_ 튀김, 구이 등 높은 온도의 요리에도 사용 가능. • **엑스트라버진 올리브오일(EVOO)**_ 샐러드나 요리의 마무리 단계에 뿌리는 용도로 적합. 유통기한이 짧다. • **저온압착 들기름**_ 무침이나 요리 마무리에 사용. • **천연버터**_ 유크림 98% 이상인 것을 선택. • **카카오버터**_ 상온에서 굳기 때문에 그런 특성을 이용하여 초콜릿 등을 만들 때 사용. • **코코넛오일**_ 열에 강하지만 특유의 향도 강하다. 구이 등에 사용 가능. • **화이트 트러플오일**_ 트러플 풍미를 더해주는 오일.	• **인공적으로 가공한 식물성 지방**_ 시판 샐러드 드레싱이나 땅콩버터, 마요네즈, 마가린, 쇼트닝, 카놀라유, 땅콩기름, 면실유, 옥수수유, 콩기름 등.	• 가열조리에는 기버터나 아보카도오일, 코코넛오일을 사용. • 서늘한 곳에 보관. • 추천 오일 외에 다른 식물성오일은 산패가 쉬우므로 주의. • 특히, 아마씨오일은 산패가 빠르므로 피한다.
짠맛		• **다마리간장(콩100%)**_ 미소된장의 발효과정에서 만들어지는 액체장으로, 밀이 거의 들어가지 않고 콩으로 만든다. 글루텐프리. • **양조간장**_ 탈지대두와 밀을 사용하는 경우 탄수화물 함량에 주의. 적당량 사용해도 괜찮다. • **된장**_ 콩이나 밀이 조금 들어간다. GMO에 주의. • **리퀴드 아미노스**_ 대두를 사용. 발효방식이 아닌 염산을 이용한 산 분해 간장. 글루텐 프리. 특유의 향이 있다. • **천연소금**_ 첨가물 없는 천일염. • **코코넛 아미노스**_ 코코넛 야자수 발효수액에 소금을 넣어 만든 것. 콩이나 밀 알레르기가 있는 사람에게 적합. 글루텐 프리. 단맛이 있고 염도가 낮은 편. 조림간장으로 적합.	• **굴소스**_ 설탕, 과당 등을 비롯하여 각종 첨가물이 많이 들어 있다.	• 당분, 전분 등의 첨가물에 주의.
신맛		• **레몬즙** • **애플사이다 비네거**_ 아세트산이 지방과 당 생성을 감소시키고, 지방연소를 활발하게 하는 효소를 생성. 물에 희석하여 음료 대용으로 마시면 혈당조절에 도움.		• 당이나 염분이 첨가되지 않은 천연 양조 식초를 선택.

	좋은	피해야 하는	주의사항
단맛	• **몽크프루트 스위트너**_ 몽크푸르트(나한과)라는 박과식물에서 추출한 천연감미료. 설탕 대용으로 사용. 가격이 비싸고 특유의 감미료 맛. 시중에는 에리스리톨이 섞인 제품이 많다. • **스테비아**_ 국화과 식물에서 추출한 천연감미료. 액체로 만든 유기농 제품이 좋다. 감미료 특유의 맛이 나며, 에리스리톨이 섞인 제품은 주의. • **알룰로스**_ 건포도, 무화과 등에서 추출. • **에리스리톨**_ 베이킹 등에 사용할 수 있는 대체당. 옥수수 알레르기가 있다면 주의한다. 곱게 분쇄하여 사용하는 것이 좋다. • **프락토올리고당(100%)**_ 유산균의 먹이가 되는 식이섬유 역할. 하루에 3~8g 정도는 정장작용에 도움. 70℃ 이상의 열에 약하므로 조리 마지막에 사용. • **글리세롤** • **말티톨** • **소르비톨** • **자일리톨** • **코코넛슈거**	• 설탕, 꿀, 조청, 물엿, 매실액, 아가베시럽, 메이플시럽 등.	• 단맛이 나는 감미료는 적게 사용할수록 좋다. • 말토덱스트린, 덱스트로스 등의 첨가물이 없는 형태를 선택. • 사카린, 아스파탐, 수크랄로스 등의 합성감미료는 장내 미생물 균형을 무너뜨린다.
매운맛	• **생와사비** • **카이엔페퍼**_ 강한 매운맛. 선명한 색상. • **크러시드 페퍼**_ 입자가 굵다. • **통후추**_ 갈아서 사용하는 것이 향이 강하고 신선. • **페퍼론치노** • **훈연 파프리카파우더**		• 고춧가루나 마늘 등 자극적인 향신료는 적당량을 사용.
견과류_파우더	• **메밀 가루**_ 글루텐프리 • **베이킹파우더**_ 빵을 부풀리고 풍미를 주는 팽창제. 글루텐프리. • **병아리콩 가루** • **아마씨 가루**_ 오메가6 풍부. 베이킹에 사용. • **아몬드파우더**_ 단백질 함량이 높은 편. 껍질을 벗긴 것이 좋다. • **오트밀파우더** • **코코넛파우더** • **퀴노아 가루**_ 촉촉하고 부드러운 질감의 베이킹에 사용. • **해바라기씨 가루**		• 아몬드파우더 등에 밀가루가 포함 여부를 주의. • 아마씨가루는 산패에 약하니 주의. • 견과류는 염분, 방부제 등의 첨가물에 주의. • 오메가 6가 많으므로 산패하지 않도록 주의. 소량씩 구입해서 냉장 보관하는 것이 좋다.

An Employee-Owned Company

Bob's
Red Mill®

GF
GLUTEN FREE

To Your
Good Health®

DOUBLE ACTING

BAKING POWDER

NO ADDED ALUMINUM

Bob's Red Mill Baking Powder is perfect for all
your baking needs, from flaky biscuits and buttery
cookies to tender muffins and moist cakes.

YOU CAN SEE OUR QUALITY®

K PAREVE

NET WT 14 OZ (397g)

OPEN

COCO YUMMY

Organic EXTRA VIRGIN
COCONUT OIL
Cold Pressed

200 mL NET

CHA
COCONUT

코

Le Paludier
de Guérande
Établissement
Bourdic

Fleur de Sel

DE GUÉRANDE

Récoltée à la main®

yogurberry

살아있는 유산균으로 쉽게 만들어 먹는 요거트

YOGURT
STARTER

요거베리 요거트 스타터 2g

ITALPEPE

PEPE NERO
BLACK PEPPER
grains/grani
30g 1,06oz

FIORDIAMANTE

CONDIMENTO
AROMATIZZATO
AL TARTUFO
BIANCO

CONDIMENT
FLAVOURING
WITH WHITE
TRUFFLE

A BASE DI OLIO
EXTRAVERGINE DI OLIVA
WITH EXTRA VIRGIN
OLIVE OIL
LAVORAZIONE ARTIGIANALE
ITALIANA
ITALIAN CRAFT MANSHIP

250 ml ℮
8.45 OZ

MARIO F.

García
DE LA cruz
1872

ACEITE DE OLIVA
VIRGEN EXTRA
EXTRA VIRGIN OLIVE OIL

ECOLÓGICO · ORGANIC

PATRICIA BRAGG
N.D., Ph.D.
Health Crusader

PAUL C. BRAGG
N.D., Ph.D.
Originator Health Stores
Life Extension Specialist

BRAGG
Established 1912

Organic

COCONUT
LIQUID
AMINOS

ALL PURPOSE SEASONING

10 fl oz (296 mL)

DE N

RAW

Apple Cid
with

500ml 유

AROY-D
COCONUT CREAM
EXTRAIT DE NOIXE COCO

NET CONTENTS / CONTENANCE 560 ml (19 fl oz)

LAKANTO
MONKFRUIT
SWEETENER
WITH ERYTHRITOL

CLASSIC
WHITE SUGAR REPLACEMENT

ZERO NET CARBS · ZERO GLYCEMIC · ZERO CALORIE · 1:1 SUGAR REPLACEMENT · KETO APPROVED

NET WT. 16 OZ (1 LB) 454 g

ORGANIC VALLEY
GHEE
CLARIFIED BUTTER

Great For Sautéing

oleo
HASS
avocado oil

100% pure

extra virgin

Product of Colombia

Extra Virgin
Avocado Oil
100%

250 ml 8.5 fl oz

HONEST
HONESTY IS THE QUALITY®

C8
100

FROM 100% COCONUT
MCT OIL
BOOST YOURSELF
MEDIUM-CHAIN TRIGLYCERIDES

NUTRITIONAL
KAL
Since 1932
YEAST
flakes
FORTIFIED · PREMIUM
UNSWEETENED

made in USA

Gluten Free
Wonderful Nutty Flavor
Non-GMO

NET WT. 22 oz. (624 g)

	좋은	피해야 하는	주의사항
기타 향신료	• **뉴트리셔널 이스트**_ 영양효모. 단백질과 식이섬유가 풍부하고 비타민 B군이 풍부. 각종 요리에 곁들여 치즈 풍미를 더하는 재료. • **갈릭파우더** • **생강파우더** • **시나몬파우더** • **강황 가루** • **카카오파우더** • **커민파우더**_ 쯔란.		• 당류가 첨가되지 않은 제품인지 잘 확인하고 사용.
밀크 ㅡ 크림류	• **두유** • **아몬드밀크** • **캐슈넛밀크** • **코코넛밀크**_ 우유 대신 사용. • **코코넛크림**_ 고지방. 생크림 대신 사용. • **코코넛워터**_ 전해질이 많지만, 탄수화물이나 당분 함량에 주의.	• 식물성 휘핑크림, 식물성 생크림 등.	• 두유, 아몬드밀크 등은 무가당제품인지 확인.
허브류	• **바질, 파슬리, 로즈메리, 오레가노, 타임, 민트, 딜, 차이브, 세이지, 처빌, 타라곤, 레몬그라스, 식용꽃 등.**		• 말린 것보다는 생허브를 이용하면 향이 더 좋다. 얼려두었다가 사용하는 것도 좋은 방법.
기타 기성제품	• **요거트 스타터**_ 요거트를 쉽게 만들 수 있는 스타터. 900㎖ 기준 1개 사용. 시중에 비건용 스타터 있음. • **곤약면, 해초면, 두부면, 병아리콩 파스타** • **콜리플라워 라이스, 콜리플라워 밀가루** • **템페, 낫토 등 콩 발효식품** • **곤약쌀** • **식물성고기** • **탄산수**		• 전분 및 기타 첨가물이 들어 있는지 확인하고 사용. • 낫토는 고온조리하면 유익균이 없어지므로 주의.

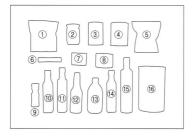

① 베이킹파우더
② 코코넛오일
③ 코코넛밀크
④ 코코넛크림
⑤ 몽크푸르트 스위트너
⑥ 요거트 스타터
⑦ 천연소금
⑧ 기버터
⑨ 통후추
⑩ 화이트 트러플오일
⑪ 엑스트라버진 올리브오일
⑫ 코코넛 아미노스
⑬ 애플사이다 비네거
⑭ 아보카도오일
⑮ MCT오일
⑯ 뉴트리셔널 이스트

무엇을 먹을 수 있을까? : 재료 고르기

* 락토-오보 기준

영양소에 해당하는 식재료   1

각종 영양소에 해당하는 재료를 골라 직접 식단을 짠다.

• **단백질** 달걀, 치즈, 요거트, 귀리, 기장, 병아리콩, 렌틸콩, 완두콩, 퀴노아, 스피루리나, 템페, 두부, 와일드 라이스, 아마란스, 햄프시드, 낫토 등.

• **지방** 아보카도, 올리브, 기버터, 코코넛오일, 코코넛버터, 냉압착 아보카도오일, 카카오버터, MCT오일, 냉압착 올리브오일, 아몬드, 브라질너트, 코코넛, 호두, 헤이즐넛, 마카다미아, 피칸, 햄프시드, 아마씨, 치아씨 등.

   * 참깨, 캐슈넛, 잣, 피스타치오, 호박씨, 참깨, 해바라기씨는 탄수화물 함량이 높다.

• **탄수화물(채소/곡류/과일)** 탄수화물이 적고 미네랄, 식이섬유가 많은 녹색채소 위주로 고른다. 특히 해조류는 혈중 독소를 흡착하여 배출하는 효과가 있다. 시금치, 미역, 다시마, 아보카도, 아스파라거스, 셀러리, 상추, 오이, 주키니, 올리브, 가지, 녹색 피망, 버섯, 콜리플라워, 토마토, 양배추, 케일, 그린빈, 브로콜리, 피망, 청경채, 래디시, 방울다다기양배추, 루콜라, 아티초크, 오크라, 근대, 콜라비, 양상추, 샬롯, 근대, 순무, 현미, 보리, 블루베리, 라즈베리, 라임, 레몬, 자몽 등.

식재료의 특성에 따른 주의점   2

• **고탄수 채소와 곡류** 뿌리채소는 전분이 많아 탄수화물 비율이 높다.
마, 감자, 고구마, 당근, 애호박, 단호박, 비트, 케일, 우엉, 연근, 양파, 옥수수 등.
백미, 밀가루 등의 정제된 곡물.

• **렉틴이 많은 채소와 곡류** 다량 섭취하면 면역체계 공격 및 염증을 유발한다.
가지, 파프리카, 토마토, 오이, 마늘, 고추, 완두콩, 호박씨, 해바라기씨, 치아씨, 밀, 귀리, 호밀, 보리 등.

• **옥살산염이 많은 채소** 칼슘과 결합하여 결정이 생기므로, 신장결석을 주의한다.
케일, 시금치, 비트, 양배추, 콜리플라워, 청경채, 브로콜리 등. 산성물에 담가서 씻은 뒤 데치거나 가열하여 제거한다.

• 포드맵이 많은 채소 장에 자극을 주어 가스와 변비를 일으킨다.
버섯, 고구마, 양파, 아스파라거스, 양배추, 마늘, 브로콜리, 셀러리, 콜리플라워 등.
오일에 익혀서 소량 섭취한다.

3 —————— ## 그 외 채식단계에 따른 추천 재료

• 락토 베지테리언(Lacto Vegetarian) 무가당 그릭 요거트, 가공되지 않은 천연버터,
향신료나 유화제 없는 천연치즈 등. 체다, 에멘탈, 고다, 그뤼에르, 그라노파다노
등 경성치즈가 키토제닉에 좋다.
• 오보 베지테리언(Ovo Vegetarian) 동물복지 달걀 또는 무항생제 달걀.
• 락토-오보 베지테리언(Lacto-Ovo Vegetarian) 무가당 그릭 요거트, 가공되지 않은
천연버터, 향신료나 유화제 없는 천연치즈, 동물복지 달걀 또는 무항생제 달걀.
• 페스코 베지테리언(Pesco Vegetarian) 고등어, 참치, 연어, 새우, 조개, 오징어, 문어,
굴, 게 등. 통조림 제품은 카놀라유가 함유된 경우가 많으므로 주의한다.
• 폴로 베지테리언(Polo Vegetarian) 지방이 풍부한 가금류로는 닭다리살, 오리고기
등. 등푸른생선은 가열조리를 하면 지방이 변성되므로, 회로 먹는 편이 좋다. 흰
살생선은 찜이나 오븐요리를 추천한다. 자연산 생선이나 조개 위주로 선택한다.
• 플렉시테리언(Flexitarian) 지방이 풍부한 부위의 육류. 삼겹살, 오리고기, 양고기,
등심, 갈비, 대창, 막창, 곱창, 간 등의 무항생제 고기를 선택한다.

이 책에서는 「락토-오보 베지테리언」 기준의 「키토채식」 식단을 소개한다.
비건이라면 유제품보다는 식물성 우유 종류로 대체하는 것이 좋다. 최근에는 달걀,
마요네즈, 치즈 등 여러 가지 식재료를 식물성으로 대체할 수 있는 제품이 많이 나
와 있다.

레시피의 비율과 양, 먹는 순서

하루에 필요한 칼로리 기준으로 탄수화물(g/4kcal) 5%~10%, 단백질(g/4kcal) 20~25%, 지방(g/9kcal) 55~70%의 비율로 구성한다.

탄수화물은 순수탄수화물의 양을 기준으로 한다. 「순수탄수화물」이란 탄수화물에서 식이섬유와 당알코올을 뺀 것이다. 엄격한 의미의 키토제닉 식단에서는 순수탄수화물의 양을 20g 이하로 제한한다. 그러나 조금 여유 있는 방식으로 키토제닉 식단에 도전한다면 30~50g 이하로, 편안하게 일상적인 식단을 유지하려고 한다면 최대 100g 이하까지 허용한다. 단백질의 경우 체중 1kg에 약 1g을 먹는다고 생각하면 편하다.

고기의 경우 단백질이 30% 정도를 차지하기 때문에, 60kg의 성인은 100~200g 정도가 적당하다. 탄수화물의 양은 줄이고, 단백질은 필요한 양만큼 섭취하고, 나머지를 지방으로 채운다고 생각하면 된다. 체중감량이 목표가 아니라면 탄수화물을 어느 정도 더 늘려도 괜찮지만, 지방 비율은 60% 정도로 유지하는 것이 키토제닉 식단의 기본이다.

먹는 순서는 잎채소 등의 식이섬유와 단백질을 먼저 먹고, 그리고 지방을 먹은 다음, 마지막으로 소량의 탄수화물을 먹는다.

비율과 순서에 크게 집착할 필요는 없다. 다만, 저탄수와 소식이 기본 원칙임을 기억하자.

조리과정의 유의사항

잎채소나 버섯, 뿌리채소 등은 데치거나 살짝 굽는 방식으로 조리한다. 가열조리는 옥살산염이나 과도한 식이섬유의 섭취를 줄여주기 때문이다. 다만, 고온에서 장시간 굽거나 튀기는 것은 피하는 것이 좋다. 탄수화물이 많은 식품을 고온에서 장시간 조리하면 아크릴아마이드(acrylamide)라는 유해물질이 생성되기 때문이다. 또한 식품을 바싹 익혀 갈색으로 변할 때까지 조리하는 경우, 마이야르 반응(maillard reaction)이 일어난다. 이는 음식에 다양한 풍미를 주지만, 체내에 당독소인 최종당화산물(AGEs)를 만들어 노화를 촉진하는 원인이 된다.

감자나 고구마 등은 구우면 더 달콤해지면서 실제로 GI지수가 약간 상승한다. 따라서 살짝 삶아서 먹는 편이 좋다.

엑스트라버진 올리브오일, 코코넛오일 등은 발연점이 낮은 오일이기 때문에 간단한 볶음이나 드레싱 등에만 사용하고 가열조리에는 기버터나 아보카도오일을 사용하는 것이 좋다. 특히 들기름은 요리 마지막에 첨가해야 한다.

렉틴은 식품에 들어있는 낮은 수준의 독소로서 유제품 및 특정 채소에서 발견된다. 소량 섭취는 문제가 되지 않지만, 만약 염증성 또는 자가면역질환을 앓고 있다면 피해야 한다. 가지, 토마토, 호박, 애호박, 오이 등 가지과 식물의 경우에는 껍질과 씨를 제거하면 되고, 쌀과 콩류의 렉틴은 15분 이상의 압력조리로 대부분이 파괴된다. 그러나 밀, 호밀, 보리, 귀리의 렉틴은 압력조리로도 파괴되지 않기 때문에 과도하게 섭취하지 않도록 주의한다.

견과류에도 렉틴과 피틴산이 있으므로 최소 2시간 이상 불리거나 미리 15분 정도 삶아서 사용한다. 또는 80℃ 이하의 오븐이나 건조기에서 저온으로 건조시킨 뒤 사용해도 좋다. 견과류는 고온에서 영양소가 파괴되고 지방이 산패되므로 생으로 먹거나 저온에서 조리한다.

나트륨은 우리 몸에 반드시 필요한 필수미네랄이며 체내 수분균형을 유지시키는 역할을 한다. 특히 키토제닉 식단의 경우에는 나트륨이 부족해질 수 있기 때문에, 소금을 피하지 말고 적정량 사용한다. 그러나 과도한 나트륨 섭취는 고혈압과 심장병 등의 원인이 되기도 하므로, 자극적이거나 맵고 짠 음식은 피하도록 한다. 특히 뜨거운 온도에서 간을 할 경우, 맛이 잘 느껴지지 않기 때문에 소금을 과도하게 사용하게 되므로 주의한다.

또한 철제나 주물 프라이팬을 사용하면 음식에 철(Fe)이 스며들기 때문에 스테인리스 팬을 사용하거나, 프라이팬의 코팅이 벗겨지지 않는지를 체크하는 등 조리도구의 선택과 관리에도 주의가 필요하다.

소 스
———
드 레 싱
———
퓌 레
———
오 일
———
스 톡

SAUCE DRESSING PURÉE OIL STOCK

과카몰리

100g	
칼로리	476 kcal
순탄수	17.3g
단백질	5.6g
지 방	40.8g

재료 _ 300g

아보카도(1cm 깍둑썬) 2개
토마토(1cm 깍둑썬) 1개
코코넛오일 50g
아몬드 / 피스타치오 / 헤이즐넛(다진) 각 20g씩
고수(다진) 20g
레몬즙(또는 라임즙) 30g
프락토올리고당 20g
커민파우더 10g
소금 5g
후추 5g

1 토핑용 견과류를 각 5g씩 남기고, 모든 재료를 믹싱볼에 으깨면서 섞는다.

2 그릇에 담아 토핑용 견과류를 위에 뿌리고, 고수잎을 장식한다.

3 사용하고 남은 과카몰리는 밀폐용기에 담아 랩을 밀착시켜 씌우고 뚜껑을 덮어 공기와의 접촉을 최소화한다. 산소가 차단되면 색의 변질을 막을 수 있다.

4 3~4일 안에 먹는다면 냉장 보관을 하고, 그 이상을 보관할 경우에는 냉동시킨다.

5 냉동시킨 과카몰리를 다시 먹을 때에는, 냉장고에서 반나절 자연해동하거나 용기째 흐르는 물에 30분 정도 두어 해동한다.

과 카 몰 리 는

아보카도를 으깨어 만든 멕시코의 대표적인 디핑소스이다. 라임, 토마토, 고수 등의 향과 기분 좋은 산미, 그리고 아보카도의 고소한 맛의 조합은 언제나 입맛을 돋운다. 일반적인 과카몰리와는 달리 코코넛오일과 견과류를 첨가하여 보다 키토제닉한 딥으로 활용할 수 있다. 샐러드 위주의 식단에 곁들이면 맛도 향상되고 지방까지도 보충할 수 있다. 저탄수 크래커나 빵과도 잘 어울린다.

프 락 토 올 리 고 당 은

유익균 증식, 유해균 억제, 배변활동 원활, 칼슘 흡수에 도움을 주는 천연물질이다. 대장의 비피더스균에 의해 발효되어 이들 균의 증식이 활성화되고, 대장을 자극하여 변비를 예방하는 등 장기능 개선에 효과적이다.

과 카 몰 리 활 용

케사디야(p.206)

기버터

100g	
칼로리	900kcal
순탄수	0g
단백질	0g
지 방	100g

재료 _ 약 400g

버터 454g(1파운드)

1 냄비에 버터를 넣고 중저온에서 젓지 않고 살짝 녹인다.

2 온도가 올라가 버터에서 하얀 거품이 떠오르면 계속 걷어낸다.

3 노란색이 맑아지고 기포가 톡톡 터지는 소리가 들리면 불을 끈다.

4 버터를 살짝 한 김 식힌 다음, 촘촘한 거름망이나 면포에 걸러 살균 세척한 병에 보관한다.

5 기버터는 상온에서 3개월 정도, 냉장 보관할 때는 1년 안에 사용하는 것이 좋다. 변질을 막기 위해 항상 물기 없는 깨끗한 스푼을 사용해야 한다.

기버터는

옛부터 인도에서 요리에 필수적으로 사용하는 식재료 중 하나다. 수천 년 동안 사용해온 기버터는 과거 냉장고가 없던 시절, 버터를 좀 더 오래 보관하기 위해 만들었다고 한다. 일반 버터보다 지방 함유량이 높은 고지방 버터로, 버터를 끓여서 수분과 고형물을 제거하고 지방만 남기기 때문에 냉장 보관하지 않고 서늘하고 건조한 곳에 보관할 수 있다. 유당과 우유 단백질 카제인이 함유되지 않아 유제품 알레르기, 유당불내증이 있는 사람에게 좋은 대안이 된다.

포화지방산이 풍부한 기버터는 식물성 기름을 가열할 때 발생하는 독성화합물인 아크릴아미드 발생이 상대적으로 적고 발연점이 높아 고온 조리에 좋다.

기버터 활용

허브 기버터(p.52), 셀러리악 퓌레(p.78), 방탄커피(p.106), 두 가지 맛 타르트(p.116), 레몬 사브레(p.120), 얼그레이 코코넛 아이스크림(p.132), 키토 머시룸 수프(p.166), 칠리빈 수프(p.168), 뿌리채소 수프커리(p.172), 비트 후무스와 미니양배추(p.176), 셀러리악 퓌레와 구운 제철 버섯(p.178), 사워크림 스크램블드에그(p.182), 머시룸 리소토(p.202), 마리나라 파스타(p.210), 치즈소스 주키니 파스타(p.212).

허브 기버터

100g

칼로리	859㎉
순탄수	0.2g
단백질	0.2g
지 방	95.3g

재 료 _ 약 420g

기버터 400g (p.50 참조)
타라곤 5g
세이지 5g
타임 5g
이탈리안 파슬리 5g
딜 5g
소금 5g

1 기버터는 미리 상온에 1시간 이상 꺼내 놓는다.
2 모든 허브류는 줄기를 제거하고 다진다.
3 믹싱볼에 모든 재료를 넣고 잘 섞는다.
4 밀폐용기에 담거나, 먹을 때마다 자르기 쉽게 원기둥모양으로 포장하여 보관
   한다.
5 생허브가 들어갔기 때문에 냉장 보관할 때는 2주 안에 먹는 것이 좋다. 만약,
   말린 허브를 사용한다면 모든 허브를 각 2g씩 넣고 만드는데, 냉장 보관의 경우
   3개월 안에 사용한다.

원기둥모양으로 포장하려면

1 원기둥모양으로 포장하려면 랩과 종이호일을 준비한다. 30cm×20cm 크기의 랩을 깔고 같은
   사이즈의 종이호일을 위에 겹쳐 놓는다.
2 완성한 기버터를 종이호일 가운데에 담고 김밥을 말듯이 만다.
3 랩의 양끝을 돌리면서 공기를 빼 자연스럽게 모양을 잡는다. 냉장고에서 2시간 정도 굳힌다.

허브 기버터 활용

기버터를 얇게 썰어서 조금씩 먹으면 키토제닉 간식으로도 좋다.
비트 후무스와 미니양배추(p.176), 마리나라 파스타(p.210).

레몬 드레싱

100g	
칼로리	480㎉
순탄수	5.0g
단백질	0.5g
지 방	50.7g

재 료 _ 약 400g

레몬(제스트+즙) 3개 분량
타임(잎) 5g
프락토올리고당 20g
소금 2g
올리브오일(엑스트라버진) 220g

1   레몬은 끓는 물에 5초 동안 데쳐 불순물을 제거한다.
2   물기를 닦고 제스터로 레몬의 겉껍질을 갈아서 제스트를 만든다.
3   남은 레몬은 스퀴저로 착즙한 다음, 씨를 제거한다.
4   타임은 줄기를 제거하고 잎만 분리해서 다진다.
5   믹싱볼에 레몬즙, 레몬 제스트, 다진 타임, 프락토올리고당, 소금을 넣고 잘 섞는다.
6   올리브오일을 천천히 부으면서 거품기로 저어준다.
7   밀폐용기에 담거나 랩으로 밀봉하여 냉장 보관하고, 3주 안에 사용한다.

레몬 드레싱은

상큼한 레몬향과 고급스런 풍미의 엑스트라버진 올리브오일의 조합이 매력적이다. 레몬즙 자체만으로도 훌륭하지만, 타임의 달고 향긋한 향과의 조합으로 기분이 좋아진다. 레몬과 잘 어울리는 재료들을 잘 활용하면 손쉽게 나만의 새로운 레시피도 만들 수 있다.

레몬과 잘 어울리는 재료

케이퍼, 올리브, 바질, 코코넛크림, 블루베리, 블랙베리, 천도복숭아, 헤이즐넛, 아몬드, 로즈메리, 타임, 생강, 레몬그라스, 민트, 리코타치즈 등.

레몬 드레싱 활용

레몬타임 마스카르포네(p.56), 보코치니 토마토 샐러드(p.146), 시트러스 부라타치즈(p.152).

라임 코리앤더 드레싱

100g	
칼로리	540kcal
순탄수	5.9g
단백질	0.6g
지 방	57.7g

재료 _ 약 380g

라임(제스트+즙) 3개 분량   소금 2g
고수 10g   올리브오일(엑스트라버진) 250g
프락토올리고당 20g

1   라임을 끓는 물에 5초 동안 데쳐 불순물을 제거한다.
2   물기를 닦고 제스터로 라임의 겉껍질을 갈아서 제스트를 만든다.
3   남은 라임은 스퀴저로 착즙한 다음, 씨를 제거한다.
4   고수는 줄기를 제거하고 잎만 분리한다.
5   블렌더에 라임즙, 라임 제스트, 고수, 프락토올리고당, 소금을 넣고 간다.
6   믹싱볼에 옮겨 담고 올리브오일을 천천히 부으면서 거품기로 저어준다.
7   밀폐용기에 담거나 랩으로 밀봉하여 냉장 보관하고, 3주 안에 사용한다.

라임 코리앤더 드레싱은

앞에 나온 레몬 드레싱을 변형하여 레몬 대신 라임을 사용한 레시피이므로, 비슷한 재료를 활용하여 드레싱을 만들어도 좋다.

라임과 잘 어울리는 재료

아스파라거스, 오이, 콜리플라워, 코코넛크림, 용과, 구아바, 키위, 리치, 천도복숭아, 파파야, 감, 석류, 사과, 생강, 라디치오, 람부탄, 고수, 커민, 커리파우더, 파슬리, 사프란, 바질 등.

레몬 타임 마스카르포네

100g	
칼로리	417kcal
순탄수	4.6g
단백질	2.5g
지 방	43.2g

재료 _ 480g

레몬 드레싱 160g(p.54 참조)
마스카르포네 300g
타임 12g
소금 6g

1   마스카르포네는 미리 상온에 30분 정도 꺼내 놓는다.
2   타임은 줄기를 제거하고 잎만 분리해서 다진다.
3   믹싱볼에 모든 재료를 넣고 잘 섞는다.
4   밀폐용기에 담거나 랩으로 밀봉하여 냉장 보관하고, 3주 안에 사용한다.

레몬 타임 마스카르포네 활용

당근, 셀러리, 라디치오처럼 달거나 쌉쌀한 맛의 채소와 곁들여 먹으면 좋다.
엔다이브 크뤼디테(p.150).

레몬 타임 마스카르포네

마카다미아 바질페스토

100g	
칼로리	414kcal
순탄수	1.3g
단백질	1.7g
지 방	45.0g

재 료 _ 330g

바질(생) 100g
비건 파마산치즈 80g(p.70 참조)
마카다미아 50g
올리브오일(엑스트라버진) 120g
마늘 5g
소금 2.5g
후추 2.5g

1　블렌더에 모든 재료를 넣고 곱게 간다.
2　밀폐용기에 완성된 페스토를 넣고 위 표면에 여분의 올리브오일을 뿌려 보관한다. 오일은 산소를 차단하여 갈변현상을 늦춘다.
3　밀폐용기에 담거나 랩으로 밀봉하여 냉장 보관하고, 2주 안에 사용한다.

마 카 다 미 아 바 질 페 스 토 는
불포화지방산을 84% 이상 함유한 마카다미아와 향이 좋은 바질로 만든 페스토이다. 샐러드나 파스타에 사용하면 은은한 바질향이 더해지는 것은 물론, 식물성 지방까지 보충할 수 있다. 섬유질이 풍부하기 때문에 배변활동이 활발해져서 장 속 숙변이 빠져나가 독소를 제거하는 효과도 있다. 또한, 혈중 나쁜 콜레스테롤을 낮추는 등 건강에도 도움이 된다.

마 카 다 미 아 바 질 페 스 토 활용
저탄수 크래커에 곁들이거나 리소토를 만드는 등 다양하게 활용할 수 있다.
바질페스토 냉파스타(p.154).

블랙 세서미 드레싱

100g

칼로리	514kcal
순탄수	13.4g
단백질	2.4g
지 방	49.2g

재료 _ 400g

검은깨 25g
볶은 참깨 20g
올리브오일(엑스트라버진) 100g
소금 5g
애플사이다 비네거 20g
프락토올리고당 30g
마요네즈 200g
레몬즙 10g
참기름 10g

1 블렌더에 검은깨, 볶은 참깨, 올리브오일, 소금을 넣고 곱게 간다.
2 여기에 애플사이다 비네거, 프락토올리고당, 마요네즈, 레몬즙, 참기름을 넣고 잘 섞이도록 간다.
3 밀폐용기에 담거나 랩으로 밀봉하여 냉장 보관하고, 3주 안에 사용한다.

블랙 세서미 드레싱은

검은깨의 풍부한 M-100과 안토시아닌은 항산화 성분으로 혈관 내의 유해한 활성산소를 제거해 혈관 건강에 도움을 준다. 그런데 검은깨의 표면은 셀룰로스로 덮여 있어 소화흡수율이 떨어지기 때문에, 그대로 섭취하기보다는 블렌더로 갈아서 드레싱이나 소스를 만들어 먹는 것이 좋다.
검은깨는 지방이 많아서 빨리 상하기 때문에 반드시 냉장 보관해야 하며 지나치게 많이 섭취하면 변이 묽어질 수 있다.

블랙 세서미 드레싱 활용

리코타치즈 찹샐러드(p.148).

타히니 드레싱

100g

칼로리	512kcal
순탄수	9.9g
단백질	9.6g
지 방	46.5g

재료 _ 370g

참깨 200g
갈릭파우더 5g
커민파우더 3g
소금 5g
올리브오일(엑스트라버진) 50g
물 15g
레몬즙 1개 분량
마요네즈 80g

1 타히니 페이스트를 만든다. 블렌더에 참깨, 갈릭파우더, 커민파우더, 소금을 넣고 곱게 간다.
2 여기에 올리브오일, 물, 레몬즙을 넣고 잘 섞이도록 갈면 타히니 페이스트 완성.
3 믹싱볼에 타히니 페이스트와 마요네즈를 넣고 잘 섞는다.
4 밀폐용기에 담거나 랩으로 밀봉하여 냉장 보관하고, 3주 안에 사용한다.

타히니 페이스트는

중동지역의 주요 식재료로 껍질을 벗긴 참깨를 곱게 갈아 만든 페이스트이다. 보통 이것만 따로 먹지 않고 중동의 수많은 전통 딥이나 소스에 맛을 내는 중요한 재료로 쓰인다. 진하고, 걸쭉하며, 매끄러운 타히니 페이스트는 또렷한 참깨의 향미가 특징이며, 레몬즙이나 그 밖의 톡 쏘는 향미와 잘 어우러진다.

타히니 드레싱 활용

구운 두부 포케(p.144), 완두콩 후무스(p.156), 팔라펠(p.194).

비건 랜치 드레싱

100g

칼로리	261 kcal
순탄수	10.9g
단백질	1.7g
지 방	23.5g

재 료 _ 440g

딜 10g

세이지 10g

이탈리안 파슬리 10g

마요네즈 210g

코코넛밀크 90g

케피어 사워크림(또는 시판용 사워크림) 50g(p.86 참조)

레몬즙 15g

화이트와인 비네거 15g

갈릭파우더 10g

소금 5g

백후추 5g

1 딜, 세이지, 이탈리안 파슬리는 줄기를 제거하고 잎만 분리하여 다진다.

2 믹싱볼에 다진 허브와 남은 모든 재료를 넣고 거품기로 섞는다.

3 소스볼에 담고 사용한 허브로 장식하여 낸다.

4 밀폐용기에 담거나 랩으로 밀봉하여 냉장 보관하고, 3주 안에 사용한다.

비 건 랜 치 드 레 싱 활 용

구운 팔라펠과 호박잎롤(p.184), 팔라펠(p.194).

비건 리코타치즈 1

100g	
칼로리	202kcal
순탄수	3.2g
단백질	2.2g
지 방	21.5g

재료 _ 700g

코코넛밀크 500mℓ
코코넛크림 1 ℓ
레몬즙 10g
소금 5g

1 냄비에 코코넛밀크와 크림을 붓고 중불에 올려 저으면서 끓인다.
2 끓기 시작하면 약불로 줄이고, 레몬즙과 소금을 넣어 덩어리가 몽글몽글 생길 때까지 10분 정도 더 끓인다.
3 볼 위에 채반과 면포를 겹쳐놓고 한 김 식힌 **2**를 부어 수분을 빼고 치즈를 걸러 낸다.
4 치즈를 용기에 담아 냉장고에서 반나절 정도 굳힌다.
5 밀폐용기에 담거나 랩으로 밀봉하여 냉장 보관하고, 1주 안에 사용한다.

비건 리코타치즈 활용
리코타치즈 찹샐러드(p.148).

비건 리코타치즈 2

100g	
칼로리	378kcal
순탄수	18.7g
단백질	12.3g
지 방	29.7g

재료 _ 300g

캐슈넛 200g
아몬드밀크 100g
프락토올리고당 5g
소금 5g

1 캐슈넛은 물에 30분 정도 미리 불려 놓고, 채반에 받쳐 물기를 빼낸다.
2 푸드프로세서에 모든 재료를 넣고 간다.
3 밀폐용기에 넣어 냉장 보관할 때는 1주 안에 사용한다.

캐슈넛과 아몬드밀크로 만든 비건 리코타치즈는

코코넛크림과 밀크로 만든 「비건 리코타치즈 1」보다 조리시간이 짧고 간편하며, 견과류의 고소한 향과 살짝 씹히는 식감이 두드러진다. 질감은 사진에서 보듯이 다소 꾸덕하여 빵이나 크래커에 발라먹는 용도로 좋다. 영양적인 면에서는 「비건 리코타치즈 1」이 지방 비율이 높고 리코타치즈 2는 캐슈넛과 아몬드밀크로 만들어 탄수화물 비율이 높다. 리코타치즈 1이 조금 더 키토 친화적이라고 할 수 있다. 리코타치즈 1과 2는 재료와 조리법은 다르지만 서로 대체하여 레시피에 활용할 수 있다.

비건 리코타 치즈 2

비건 마요네즈

100g	
칼로리	309kcal
순탄수	12.3g
단백질	7.4g
지 방	28.7g

재료 _ 250g

캐슈넛 100g
물 80g
MCT오일 30g
애플사이다 비네거 23g
갈릭파우더 5g
프락토올리고당 5g
소금 3g

1 푸드프로세서에 모든 재료를 넣고 간다.
2 밀폐용기에 담거나 랩으로 밀봉하여 냉장 보관하고, 1주 안에 사용한다.

비 건 마 요 네 즈 는

캐슈넛으로 만들었기 때문에 달걀을 먹지 않는 베지테리언이 마요네즈 대신 사용하기에 좋다.

비건 요거트

100g	
칼로리	63.4kcal
순탄수	4.4g
단백질	5.5g
지 방	2.4g

재료 _ 500g

두유 500g (또는 아몬드밀크나 코코넛밀크)
요거트 스타터 2g

1 밀폐용기에 두유를 넣고 뚜껑을 닫은 다음,
   전자레인지에 돌려 약 40℃로 데운다.
2 요거트 스타터를 넣고 잘 섞는다.
3 약 32℃의 따뜻한 상온에서 24시간 발효시킨
   다음 냉장 보관한다.

압력밥솥으로 비건 요거트 만들기

1 밥솥에 두유와 요거트 스타터를 넣고 섞는다.
2 보온상태로 6시간 발효시킨 다음 냉장 보관한다.

꾸덕한 요거트를 원한다면

넓은 면포에 부은 다음 네 면의 모서리를
모아 잡고 돌려 짜서, 응유(curd)를 제외한
수용액(유청)을 분리하여 사용한다.

비건 요거트 활용

여러 종류의 간식에 사용할 수 있다.
차지키 소스(p.84), 코코넛 망고라씨(p.102),
키토 블루베리 스무디(p.102), 케사디야(p.206).

비건 치즈소스

100g	
칼로리	67.2㎉
순탄수	6.7g
단백질	4.3g
지 방	2.0g

재료 _ 500g

감자(1cm 깍둑썬) 100g
당근(1cm 깍둑썬) 100g
아보카도오일 적당량
베지 스톡(조리수) 350g(p.92 참조)
캐슈넛(물에 2시간 이상 불린) 50g
뉴트리셔널 이스트(영양효모) 24g
레몬즙 15g
소금 5g
갈릭파우더 5g
카이엔 페퍼 2g

1 뜨겁게 달군 냄비에 아보카도오일을 두른다.
2 감자와 당근을 넣고 노릇해질 때까지 볶는다.
3 베지 스톡 300g을 냄비에 넣고 채소가 충분히 익을 때까지 끓인다.
   채소 크기에 따라 달라지지만 보통 약불에서 15분 정도면 익는다.
4 남긴 베지 스톡 50g을 제외한 모든 재료와 3을 블렌더에 넣고 간다.
5 남은 베지 스톡은 농도 조절이 필요할 때 넣는다.
6 밀폐용기에 담아 냉장 보관할 경우에는 2주, 냉동 보관할 경우에는 6개월 안에
   사용한다.
7 냉동 보관한 치즈소스는 전자레인지(해동코스)나 중탕으로 해동한다.

비건 치즈소스는

캐슈넛 대신 마카다미아나 다른 견과류로도 만들 수 있다. 재료인 영양효모(nutritional yeast)는
진균류를 비활성화시킨 제품으로 치즈와 상당히 비슷한 맛과 향이 나며, 비타민B1과 미네랄이 풍
부한 우수한 영양공급원이다. 하루 권장량은 2큰술(30㎖)로 단백질, 섬유질, 비타민, 아연, 인, 마
그네슘을 쉽고도 간편하게 보충할 수 있다. 영양효모를 샐러드, 스튜, 파스타, 리소토 등에 뿌려도
좋고, 굽거나 찐 채소에 뿌려 감칠맛을 주기도 한다.

비건 치즈소스 활용

다양한 요리의 토핑으로 사용한다.
케사디야(p.206), 치즈소스 주키니 파스타(p.212).

비건 체다치즈

100g	
칼로리	647kcal
순탄수	5.2g
단백질	8.4g
지 방	67.4g

재료 _ 450g

마카다미아 400g
물 50g
프로바이오틱스 가루 2.5g
소금 2.5g
뉴트리셔널 이스트(영양효모) 10g
레몬즙 5g

1 푸드프로세서에 모든 재료를 넣고 곱게 간다.
2 밀폐용기에 담아 뚜껑을 덮고 상온에서 24시간 또는 냉장고에서 48시간 숙성
   시킨다.
3 2를 용기에서 꺼내 면포로 감싼 뒤 냉장고에서 24시간 건조시킨다.
4 완성된 치즈는 밀폐용기에 넣어 보관한다. 냉장 보관할 경우에는 1달, 냉동 보
   관할 경우에는 6개월 안에 사용한다.
5 냉동 보관할 때는 적당량으로 나누어 랩에 싸놓으면 해동 후 먹기 편하다.

비건 체다치즈 활용
유제품이 첨가되지 않은 순식물성 재료로도 고소한 치즈를 만들 수 있다.
듬성듬성 잘라 샐러드 토핑으로도 좋고, 슬라이스하여 간식으로 먹어도 좋다.

비건 파마산치즈

100g	
칼로리	496kcal
순탄수	24.5g
단백질	25.8g
지 방	32.9g

재료 _ 400g

캐슈넛(또는 피스타치오) 300g
뉴트리셔널 이스트(영양효모) 80g
갈릭파우더 4g
소금 7g

1 모든 재료를 푸드프로세서에 넣고 적당히 고
   운 입자가 나올 때 까지 간다.
2 밀폐용기에 담아 상온에서 보관한다. 냉장 보
   관할 경우에는 3개월 안에 사용한다.

비건 파마산치즈 활용
마카다미아 바질페스토(p.58), 셀러리악 퓌레(p.78), 바질
페스토 냉파스타(p.154), 올리브 프리토(p.196), 치즈소스
주키니 파스타(p.212).

후무스

100g	
칼로리	225kcal
순탄수	15.1g
단백질	7.2g
지 방	13.3g

재 료 _ 420g

병아리콩(삶은) 300g
타히니 페이스트 37g(p.60 참조)
레몬즙 15g
만능파기름(또는 엑스트라버진 올리브오일) 32g(p.94 참조)
커민파우더 5g
훈연 파프리카파우더 5g
소금 6g

1 삶은 병아리콩, 타히니 페이스트, 레몬즙을 푸 드프로세서에 넣고 먼저 적당히 간다.
2 여기에 천천히 오일을 부으면서 곱게 간다.
3 간을 하기 위해 커민파우더, 파프리카파우더, 소금을 넣고 한 번 더 간다.
4 밀폐용기에 담아 냉장 보관할 경우에는 1주, 냉동 보관할 경우에는 3개월 안에 사용한다.
5 조리된 식물성 단백질은 온도가 낮아지면 겉 면이 마르는 현상이 발생한다. 다시 사용할 경 우에는 중탕이나 전자레인지에 따듯하게 데운 다음, 핸드블렌더로 다시 갈 거나 체에 내려서 사용하면 질감이 부드러워진다.

병아리콩 삶기

1 병아리콩을 찬물에 12시간 이상 불린다.
2 병아리콩을 체에 밭쳐서 물기를 뺀 다음, 냄비에 찬물과 불린 병아리콩, 적은 양의 베이킹소다 를 넣고 25분 정도 삶는다.
3 체에 밭친 채, 따뜻한 물로 여러 번 헹군 뒤 물기를 뺀다.
4 곱게 갈릴 수 있게 병아리콩의 온도를 따뜻하게 유지한다.

후무스는

병아리콩을 주재료로 만든 중동지역에서 즐겨 먹는 디핑소스이다. 후무스는 아랍어로 「병아리콩」 이란 뜻이다. 칼로리는 낮으면서 비타민, 단백질, 식이섬유가 풍부하고 콜레스테롤도 낮춰주는 저 칼로리 식품이다. 주로 에피타이저로 먹거나, 고소하고 담백해서 키토빵에 발라 먹으면 좋다. 토르 티야나 채소스틱에 곁들여도 궁합이 잘 맞는다.

후무스 활용

청양고추 낫토김밥(p.162), 구운 콜리플라워와 후무스(p.174).

비트 후무스

100g

칼로리	288kcal
순탄수	15.1g
단백질	5.8g
지 방	20.7g

재료 _ 400g

병아리콩(삶은) 185g

비트 1/2개

만능파기름(또는 엑스트라버진 올리브오일) 75g(p.94 참조)

타히니 페이스트 20g(p.60 참조)

레몬즙 15g

마늘(다진) 10g

소금 7g

1 비트는 껍질을 벗겨 5mm 두께로 얇게 썬다.

2 찬물을 담은 냄비에 비트를 넣고 약중불에서 25분 정도 삶는다.

3 삶은 비트를 체에 밭쳐 물기를 뺀 다음, 남은 모든 재료와 함께 블렌더에 넣고 곱게 간다.

4 밀폐용기에 담아 냉장 보관할 경우에는 1주, 냉동 보관할 경우에는 3개월 안에 사용한다.

비트 후무스 활용

비트 후무스 두부김밥(p.160), 비트 후무스와 미니양배추(p.176).

사워크림 살사 베르데

100g	
칼로리	197 kcal
순탄수	4.4g
단백질	2.1g
지 방	19.3g

재료 _ 500g

토마티요 2개
청피망 2개
세라노 고추(또는 청양고추) 2개
만능파기름(또는 아보카도오일) 적당량(p.94 참조)
마늘(다진) 15g
아보카도 1개
할라페뇨(피클) 20g
라임(제스트+즙) 1개 분량
고수 60g
케피어 사워크림 120g(p.86 참조)
올리브오일 20g
소금 5g

1 토마티요는 겉껍질을 제거하고 흐르는 물에 씻는다.
2 청피망과 고추는 씨를 제거한다.
3 토마티요, 청피망, 고추를 듬성듬성 썰어놓는다.
4 냄비에 만능파기름을 적당량 두르고, 3과 마늘을 중불에서 2분 정도 볶다가 물 400㎖를 넣어 5분 약불로 끓인다. 체에 밭쳐 물기를 뺀다.
5 블렌더에 조리한 4와 아보카도, 할라페뇨, 라임(제스트+즙), 고수, 사워크림, 올리브오일, 소금을 넣고 부드럽게 간다.
6 밀폐용기에 담아 냉장 보관할 경우에는 1주 안에 사용한다.

토 마 티 요 (Tomatillo) 는

가지과 꽈리속의 과실이지만 토마토처럼 채소로 쓰인다. 크기는 토마토보다 작으며, 종이 같은 꽃받침에 싸여 있어 요리하기 전에 벗겨내야 한다. 보통 초록색으로 식감은 토마토와 비슷하지만 사과와 레몬을 연상시키는 신맛이 있어 조리하면 칠리의 매운맛과 잘 어울린다. 부드러워 생으로 먹어도 좋지만 조리하여 먹으면 풍미가 더 살아난다. 토마티요는 멕시코 요리에 즐겨 사용하는 재료로 익히거나 퓌레로 만들어 소스에 넣는데, 특히 살사 베르데스에 넣는다.

사 워 크 림 살 사 베 르 데 활 용

살사 베르데와 스프링롤(p.158).

셀러리악 퓌레

100g	
칼로리	77.4kcal
순탄수	3.4g
단백질	1.8g
지 방	5.3g

재료 _ 800g

셀러리악 450g
두유(또는 코코넛밀크) 200g
기버터 40g(p.50 참조)
넛멕파우더 5g
비건 파마산치즈 20g(p.70 참조)
소금 7g
레몬즙 15g

1 셀러리악은 깨끗이 씻어서 필러로 껍질을 벗긴 다음
   두께 5mm로 자른다.
2 셀러리악을 끓는 물에 20분 정도 삶는다.
3 다른 냄비에 두유, 기버터, 넛멕파우더, 파마산치즈, 소
   금을 넣고 약중불로 따뜻할 정도로만 데운다.
4 삶은 셀러리악을 체에 밭쳐 물기를 빼고, 3과 함께 블
   렌더에 간다.
5 여기에 레몬즙을 넣고 최대한 곱게 간다.
6 체에 내려 부드러운 질감으로 완성한다.
7 밀폐용기에 담아 냉장 보관할 경우에는 1주, 냉동 보
   관할 경우에는 3개월 안에 사용한다.

셀러리악 퓌레 활용
셀러리악 퓌레와 구운 제철 버섯(p.178).

아몬드밀크

100g	
칼로리	17kœl
순탄수	0.3g
단백질	0.6g
지 방	1.4g

재 료 _ 450g

아몬드 200g
물 400g
프락토올리고당 50g
MCT오일 5g
바닐라 엑스트렉트(선택) 2.5g

1 아몬드는 12시간 이상 물에 불려서 준비한다.
2 푸드프로세서에 모든 재료를 넣고 부드럽게 간다.
3 너트밀크백이나 면포에 걸러서 깨끗이 닦은 유리병에 담는다.
4 냉장 보관할 경우에는 1주 안에 사용한다.

아몬드밀크는

유당 걱정 없이 우유 이상의 고소한 맛을 즐길 수 있다. 기호에 따라 아몬드 과육을 걸러내지 않아도 괜찮다. 브라질너트, 피칸, 호두 등으로도 너트밀크를 만들 수 있다.

바닐라 엑스트렉트(Vanilla Extract)는

일반적으로 바닐라 에센스를 떠올리기 쉬우나 이 둘은 추출방식에 차이가 있다. 엑스트렉트는 바닐라빈 원재료의 침용, 분쇄를 통해 만들고, 에센스는 증류를 통해 얻는다. 엑스트렉트는 바닐라빈을 술에 넣어 숙성시킨 천연향료로, 향이 에센스에 비해 강하며 고급스러워 달걀과 견과류의 비린 향을 잡아줄 때 사용한다. 반면 에센스는 향이 약해서 뜨거운 온도에 향이 날아가기 쉬우므로 아이스크림이나 크림 등에 사용한다.

아몬드밀크 활용

피스타치오 크레마(p.88), 디톡스 그린 스무디(p.100), 카카오 치아시드 스무디(p.104), 코코넛 라떼(p.108), 코코아 셰이크(p.110), 콜리플라워 크림수프(p.170).

아몬드버터

100g	
칼로리	379kcal
순탄수	4.2g
단백질	12.1g
지 방	34.5g

재료 _ 910g

아몬드 500g
소금 5g
코코넛오일 50g
터메릭(선택) 2g

1 푸드프로세서에 아몬드와 소금을 넣고 가루가 될 때까지 가는데, 중간에 코코넛오일을 조금씩 넣으면서 간다.

2 벽면에 붙어있던 재료들이 잘 섞여 한 덩어리가 될 때까지 돌린다.

3 밀폐용기에 담아 냉장 보관할 경우에는 1달 안에 사용한다.

아몬드로 만든 완전 식물성 버터는

비가열(로푸드) 요리에 사용하기 좋고, 동물성 원료로 만든 버터를 정제한 기버터는 가열요리에 사용하기 좋다.

푸드프로세서를 사용할 경우

부드럽게 잘 갈린 듯이 보이지만, 사실은 속에 견과류 덩어리가 남아있는 경우가 있다. 충분히 갈지 않으면 재료들이 푸드프로세서 벽면에 붙는다. 그런데 아몬드가 잘 갈려 기름이 제대로 나와서 잘 섞이면 모든 재료들이 한 덩어리로 뭉쳐서 돌아가기 시작한다. 이것이 제대로 된 완성 상태이다.

터메릭(Turmeric)은

강황의 뿌리를 건조한 다음 빻아서 만든 노란색 향신료이다. 한방에서「울금」이라 부르기도 한다. 모양은 생강과 매우 비슷하고 생강처럼 뿌리를 수확하여 사용하는데, 껍질을 벗긴 뿌리를 삶아 말린 후 빻으면 노란색 분말이 된다. 신선한 후추와 같은 냄새와 약간 자극적인 맛이 나고, 카레를 비롯한 여러 요리의 향신료 및 착색용으로 사용한다.

차지키 소스

100g	
칼로리	156㎉
순탄수	11.0g
단백질	5.3g
지 방	10.5g

재 료 _ 220g

비건 요거트(또는 사워크림) 180g(p.66 참조)
오이(씨 제거, 7㎜ 깍둑썬) 50g
마늘(다진) 25g
올리브오일(엑스트라버진) 20g
라임(즙+제스트) 2개 분량
커민파우더 1.5g
소금 5g
딜(토핑용) 적당량
훈연 파프리카파우더(토핑용) 적당량

1 믹싱볼에 토핑용을 제외한 모든 재료를 넣고 잘 섞는다.
2 밀폐용기에 담아 냉장 보관할 경우에는 1주 안에 사용한다. 냉동 보관은 해동
   할 때 수분이 많이 나오기 때문에 하지 않는 것이 좋다.
3 그릇에 담아낼 때는 자른 오이와 딜을 위에 올려 장식하고, 파프리카 파우더
   를 뿌린다.

차지키 소스 는

그리스 전통 소스 중 하나로 요거트에 오이, 마늘, 허브, 식초 등을 넣어 맛을 낸다. 주로 커민과 같
은 향신료를 넣은 음식과 맛있는 조화를 이룬다. 비건 차지키 소스는 양이나 염소젖으로 만든 그리
스식 요거트 대신 두유로 만든 요거트를 사용하기 때문에 더 고소하고 담백한 맛이 난다. 오이의
아삭함과 라임의 기분 좋은 신맛이 잘 어우러진다.

차지키 소스 활용

구운 팔라펠과 호박잎롤(p.184).
팔라펠(p.194) 레시피에서 「비건 랜치 드레싱」 대신 차지키 소스를 사용해도 좋다.

케피어 사워크림

100g	
칼로리	130kcal
순탄수	7.7g
단백질	6.0g
지 방	9.9g

재료 _ 150g

케피어 그레인 20g
우유 300㎖

1 케피어 그레인을 흐르는 물에 잘 헹궈서 말린다.
2 깨끗한 밀폐용기에 말린 케피어와 우유를 넣어 섞고 밀봉한 다음 24시간 상온에서 발효시킨다.
3 케피어 그레인을 체에 걸러내고 사워크림으로 사용한다.
4 남은 케피어는 물에 씻어 재배양할 수 있다. 쇠로 된 도구 말고 유리나 플라스틱을 사용한다. 다만, 30℃ 이상의 고온에서는 유해균에 오염될 수 있으므로 주의한다.
5 밀폐용기에 담아 냉장 보관할 경우에는 5일 안에 먹는다.

케 피 어 (Kefir) 는
소, 양, 염소 등의 젖에 케피어 그레인(Kefir Grains)을 넣어 만든 발효유이다. 캅카스 지역의 유제품으로 묽은 요거트와 비슷하다. 발효 과정에서 젖당이 분해되어 유당불내증인 사람도 마실 수 있다. 코코넛워터, 코코넛밀크, 아몬드밀크, 두유 등으로도 만들 수 있다.

케 피 어 그 레 인 (Kefir Grain) 은
유산균과 효모로 구성된 균사체이다. 동글동글한 모양이 버섯을 닮아 「티벳 버섯」이라고도 한다. 프로바이오틱스와 함께 많은 종류의 건강한 박테리아가 포함되어 있어 장건강과 면역력에 도움을 준다.

케 피 어 사 워 크 림 활 용
사워크림 살사 베르데(p.76), 뿌리채소 수프커리(p.172), 사워크림 스크램블드에그(p.182), 케사디야(p.206).

치미추리 소스

100g	
칼로리	401kcal
순탄수	2.7g
단백질	0.5g
지 방	43.6g

재 료 _ 550g
올리브오일(엑스트라버진) 250g
레몬즙(또는 셰리와인 비네거) 125g
이탈리안 파슬리 60g
오레가노 45g
고수 30g
마늘 25g
훈연 파프리카파우더 5g
소금 5g
후추 5g
올리브(씨 없는) 60g

1 블렌더에 올리브를 제외한 모든 재료를 넣고 유화될 때까지 간다.
2 올리브를 넣고 식감을 살리는 정도로 약 3초 살짝 더 간다.
3 밀폐용기에 담아 냉장 보관할 경우에는 1주 안에 사용한다.

치 미 추 리 소 스
올리브 프리토(p.196).

피스타치오 크레마

100g	
칼로리	338kcal
순탄수	18.1g
단백질	9.0g
지 방	25.9g

재 료 _ 분량 660g
아몬드밀크(또는 코코넛밀크) 345g(p.80 참조)
피스타치오 230g
코코넛오일 40g
카르다몸 3g
소금 5g
프락토올리고당 60g
라임(즙+제스트) 1개 분량

1 냄비에 아몬드밀크를 넣고 따뜻하게 데운다.
2 불을 끄고 피스타치오, 코코넛오일, 카르다몸, 소금을 넣고 잘 섞는다.
3 블렌더에 2와 프락토올리고당, 라임을 넣고 부드럽게 간다.
4 밀폐용기에 담아 냉장 보관할 경우에는 2주 안에 사용하고, 재사용할 때에는 따뜻하게 데워서 먹는다.

피 스 타 치 오 크 레 마 활 용
피스타치오 크레마 사보이 케비지롤(p.188).

캐러멜라이즈드 어니언

100g	
칼로리	232㎉
순탄수	43.6g
단백질	4.6g
지 방	2.9g

재료 _ 400g

양파(슬라이스) 2kg
아보카도오일 10g
소금 10g
에리스리톨(저칼로리 감미료) 10g

1   코팅팬에 아보카도오일을 두르고, 중불에서 양파를 볶는다.
2   5분 정도 지나 양파가 숨이 죽으면 약불로 줄인다.
3   갈색빛이 돌기 시작하면 소금과 에리스리톨을 넣고, 진한 갈색으로 캐러멜라이즈가 될 때까지 졸인다.
4   완성되면 용기에 옮겨 담고 식힌다.
5   냉장 보관할 경우에는 2주 안에, 냉동 보관할 경우에는 3개월 안에 사용한다.

에리스리톨 (Erythritol) 은

단맛이 설탕의 70~80%정도인 청량한 맛을 지닌 냄새 없는 백색가루의 감미료이다. 다른 감미료와는 달리 체내에서 에너지원으로 이용되지 않고 대부분 배출되기 때문에 낮은 흡수율로 인해 저칼로리 감미료로 이용된다. 키토제닉 식단에서는 설탕이나 꿀 대신 GI지수가 낮은 당을 사용하는데 에리스리톨, 프락토올리고당, 알룰로스 등 다양한 대체당이 있다. 그러나 결국에는 서서히 단맛 자체와 멀어지는 것이 건강에 좋다.

캐러멜라이즈드 어니언 활용

장시간 조리한 캐러멜라이즈드 어니언의 자연스러운 단맛은 각종 요리에 활용도가 높다. 카레나 수프를 끓일 때 다른 채소와 함께 넣으면 좋다. 뿌리채소는 찌거나 구운 후 따뜻하게 데운 캐러멜라이즈드 어니언과 버무려 먹을 수도 있다. 햄버거나 샌드위치의 속재료로, 샐러드의 토핑으로도 사용할 수 있다. 자연스러운 단맛이 필요한 소스나 퓌레에 넣고 함께 갈아도 좋다.
사워크림 스크램블드에그(p.182).

베지 스톡 (조리수)

100g	
칼로리	3kcal
순탄수	0.3g
단백질	0.2g
지 방	0.2g

재 료 _ 분량 4,000g

물 5ℓ
양파 500g
당근 250g
셀러리 250g
아보카도오일 적당량
표고버섯(말린) 40g
다시마 8g
마늘 5쪽
소금 10g

1 양파, 당근, 셀러리를 깨끗이 씻은 후 듬성듬성 자른다.
2 냄비를 강불로 예열하고, 아보카도오일을 둘러 1을 색이 날 때까지 볶는다.
3 냄비에 말린 표고버섯과 다시마, 마늘을 넣어 향이 나고 전체적으로 색이 진해
   질 때까지 볶는다.
4 물을 넣고 50분 정도 끓인 다음 건더기를 체에 거른다.
5 4의 국물에 소금을 넣고 잘 녹인다.
6 완성된 스톡은 밀폐용기에 나누어 담아 냉장 보관할 경우에는 1주, 냉동 보관
   할 경우에는 3개월 안에 사용한다.

베 지 스 톡 은

감칠맛을 내고 싶을 때 어떤 요리에나 물이나 육수 대신 사용한다. 이 책에서는 수프, 여러 가지 국
물요리, 파스타, 리소토, 면요리 등에 베지 스톡을 이용했는데, 각각의 채소가 지닌 맛이 잘 우러나
감칠맛 나는 요리를 쉽게 만들 수 있다.

베 지 스 톡 활 용

비건 치즈소스(p.68), 키토 맛간장(p.96), 완두콩 후무스(p.156), 키토 머시룸 수프(p.166), 칠리빈
수프(p.168), 뿌리채소 수프커리(p.172), 버섯 두부면 국수(p.192), 영양 곤약밥(p.198), 머시룸 리
소토(p.202), 마리나라 파스타(p.210), 치즈소스 주키니 파스타(p.212) 등.

만능파기름

100g

칼로리	861㎉
순탄수	0g
단백질	0g
지 방	100g

재 료 _ 500g

아보카도오일 500g
대파(길이 10㎝) 400g
마늘(편썰기) 40g
통후추 10g
팔각 10g

1 냄비에 아보카도오일을 넣고 약 180℃까지 가열한 다음, 나머지 재료를 모두 넣는다.

2 중불을 유지하면서 대파가 진한 갈색이 되면 불을 끈다.

3 기름을 적당히 식혀서 체에 거른다.

4 완전히 식으면 어두운 색의 음료병이나 유리병에 담아 보관한다. 병을 재활용할 경우에는 끓는 물에 깨끗이 소독하여 말린 다음 사용한다.

5 냉장 보관하며 1달 안에 사용한다.

만능파기름은

각종 볶음요리에 사용하면 일반 오일에서는 느낄 수 없는 감칠맛이 향상된다. 보통 건강한 채식요리의 고온 조리에는 아보카도오일을 권장하는데, 아보카도 특유의 향은 호불호가 갈린다. 하지만 파와 향신료 향은 모든 음식에 대체적으로 잘 어울린다. 요리에 동양적인 맛을 가미하기에도 좋다.

만능파기름 활용

후무스(p.72), 비트 후무스(p.74), 사워크림 살사 베르데(p.76), 스피니치 키슈(p.130), 구운 두부 포케(p.144), 완두콩 후무스(p.156), 구운 콜리플라워와 후무스(p.174), 구운 팔라펠 호박잎롤(p.184), 피스타치오 크레마 사보이 케비지롤(p.188), 두부면 팟타이(p.190), 버섯 두부면 국수(p.192), 팔라펠(p.194), 타이식 볶음밥 카오팟(p.200).

키토 맛간장

100g	
칼로리	26㎉
순탄수	2.6g
단백질	3.4g
지 방	0.2g

재료 _ 500g

베지 스톡(조리수) 300g(p.92 참조)
리퀴드 아미노스 125g
건다시마(7cm×7cm) 3조각
건표고 6개
요리용 청주(첨가물 없는) 40g
어간장(첨가물 없는) 30g
알룰로스(또는 프락토올리고당) 50g
청양고추 4개
통후추 7g

1 모든 재료를 냄비에 넣고 끓인다.
2 끓기 시작하면 중불로 낮추고 15분 정도 더 끓인다.
3 불을 끄고 식힌 다음 밀폐용기에 담아 보관한다.
4 냉장 보관하며 1달 안에 사용한다.

리퀴드 아미노스 (Liquid Aminos) 는

당질과 글루텐이 없어 키토제닉 식단에 적합한 간장이다. 일반 시판용 간장은 콩과 밀가루를 섞어서 만들지만, 리퀴드 아미노스는 100% 콩으로 만들기 때문에 탄수화물의 함량이 낮다. 비슷한 제품으로는 코코넛아미노스가 있다. 코코넛아미노스는 코코넛야자수의 발효수액에 소금을 넣어서 만들어 일반 간장보다 염도가 낮고 단맛이 있다.

알룰로스 (Allulose) 는

설탕을 대신하는 천연 감미료이지만 단맛은 설탕의 70% 정도이다. 사이코드(D-psicose)로도 불린다. 밀, 건포도, 무화과 등 일부 식물에 소량 존재하는 단당류의 일종으로, 장점은 먹으면 당분의 대부분이 소변으로 배출된다. 칼로리가 거의 없고 혈당에 영향을 주지 않는다.

키토 맛간장은

동서양을 막론하고 즐겨 사용하는 발효 조미료인 간장을 키토 식단에 맞게 만든 간장이다. 앞서 설명한 리퀴드 아미노스는 간장의 대체품이지만 깊은 풍미가 없다는 단점이 있다. 이를 보완하기 위해 추가 재료를 넣어 감칠맛을 더했다.

키토 맛간장 활용

살사 베르데와 스프링롤(p.158), 구운 콜리플라워와 후무스(p.174), 구운 팔라펠 호박잎롤(p.184), 버터헤드레터스 덤플링(p.186), 피스타치오 크레마 사보이 케비지롤(p.188), 두부면 팟타이(p.190), 버섯 두부면 국수(p.192), 타이식 볶음밥 카오팟(p.200).

음   료

디톡스 탄산수

1컵	
칼로리	68kcal
순탄수	12.7g
단백질	0.3g
지 방	0.1g

재료_1컵

애플사이다 비네거 25g
탄산수 180g
얼음(큐브형) 3~4개
프락토올리고당 25g
레몬(슬라이스) 1/2개 분량
애플민트 적당량

1 레몬은 끓는 물에 5초 동안 데쳐 불순물을 제거한 다음 깨끗이 씻는다.
2 컵에 비네거, 프락토올리고당을 넣고 잘 섞는다.
3 얼음, 레몬, 애플민트를 넣고 탄산수를 부은 후 잘 섞이도록 젓는다.

디 톡 스 효 과 로

레몬은 비타민C와 구연산이 풍부해 항산화 작용을 한다. 피로물질인 젖산 분비를 억제하고 신진대사를 원활하게 해주어 피로회복에 도움이 된다. 프락토올리고당 또한 장내 유익균을 증식시켜 장내 환경을 개선한다. 액상과당이 든 시판 탄산음료 대신 탄산수를 이용하여 만들어보자.

디톡스 그린 스무디

1컵	
칼로리	365kcal
순탄수	5.7g
단백질	3.6g
지 방	33.3g

재료_1컵

아보카도 1/2개 분량
셀러리 40g
오이 23g
케일 12g
아몬드밀크 100g(p.80 참조)
코코넛오일(또는 기버터, p.50 참조) 17g
레몬(제스트+즙) 1/2개 분량

1 레몬은 끓는 물에 5초 정도 데쳐 불순물을 제거한 다음 깨끗이 씻는다.
2 아보카도는 잘 익은 것으로 준비하여 과육만 발라낸다.
3 셀러리, 오이, 케일은 잘 씻어 블렌더에 들어갈 크기로 알맞게 자른다.
4 블렌더에 모든 재료를 넣고 곱게 간다.

디 톡 스 그 린 스 무 디 는

지방 비율이 높고 포만감을 주기 때문에 한 끼 식사로도 충분하다. 아보카도는 불포화지방산, 단백질, 미네랄, 비타민 등이 풍부하고 항산화 기능도 뛰어나 키토제닉 재료로 각광 받는다. 특히 아보카도에 들어있는 칼륨은 몸속 나트륨을 깨끗이 청소해준다. 또한, 셀러리와 오이의 풍부한 식이섬유와 수분은 장과 피부 건강에 좋다.

코코넛 망고라씨

1컵

칼로리	291㎉
순탄수	27.1g
단백질	6.4g
지 방	17.8g

재료 _ 1컵

비건 요거트(또는 그릭 요거트) 75g(p.66 참조)
코코넛밀크 90g
얼음(큐브형) 1~2개
망고 1개
생강가루(또는 카르다몸파우더) 1.5g
사프란(선택) 적당량
피스타치오(선택) 적당량

1 망고는 껍질과 씨를 제거하여 과육만 준비한다.
2 모든 재료를 블렌더에 넣고 간다.
3 컵에 담아 피스타치오와 사프란을 위에 조금 뿌려서 장식해도 좋다.

라씨(Lassi)는

무더운 날씨를 견디게 해주는 인도의 전통 음료이다. 고소하고 부드러운 코코넛의 향과 열대과일
의 상큼한 맛이 잘 어우러진다. 카르다몸, 사프란 등의 향신료를 위에 뿌려서 장식하면 독특한 풍
미를 더할 수 있다. 코코넛밀크의 풍부한 지방 덕분에 입맛 없는 날 한 끼 식사로도 좋다.

키토 블루베리 스무디

1컵

칼로리	213㎉
순탄수	17.7g
단백질	9.1g
지 방	11.4g

재료 _ 1컵

블루베리 83g
비건 요거트 150g(p.66 참조)
코코넛크림 25g
프락토올리고당 15g
얼음(큐브형) 1~2개
애플민트(선택) 적당량

1 블루베리는 찬물에 깨끗이 씻어서 불순물을 제거한 다음, 체에 밭쳐 물기를 제
거한다.
2 토핑할 블루베리와 애플민트를 조금 남겨두고, 블렌더에 모든 재료를 넣고 부
드럽게 간다.
3 스무디를 컵에 담아 블루베리와 민트잎을 올려 장식한다.

키토제닉 식단에서 허용하는 과일은

당 함량이 낮은 블루베리, 라즈베리, 딸기 등의 베리류 과일이다. 부드러운 코코넛밀크에 달콤한
블루베리의 맛이 어우러진 키토 블루베리 스무디는 지방이 풍부하여 포만감과 충분한 칼로리를 제
공한다. 유제품을 사용한 일반적인 요거트 스무디보다 당분이 적어 키토제닉 음료로 적합하다.

카카오 치아시드 스무디

1컵	
칼로리	365㎉
순탄수	10.6g
단백질	4.4g
지 방	32.2g

재료 _ 1컵

치아시드 4g
아몬드밀크 100g(p.80 참조)
코코넛밀크 50g
마스카르포네 50g
프락토올리고당 17g
카카오파우더 2g
코코넛크림(또는 콩물 휘핑크림) 적당량
코코넛칩(선택) 적당량

1 블렌더에 아몬드밀크, 코코넛밀크, 마스카르포네, 프락토올리고당, 카카오파우더를 넣고 간 다음, 컵에 따른다.
2 치아시드를 1에 넣고 10분 정도 불린다.
3 코코넛크림을 믹싱볼에 담아 냉장고에서 1시간 이상 차갑게 한 다음, 거품기로 휘저어 휘핑크림을 만든다.
4 스무디를 담은 2에 휘핑크림을 올려 마무리한다. 코코넛칩이 있다면 토핑으로 뿌려도 좋다.

카카오 치아시드 스무디는

고소한 코코넛크림에 카카오의 쌉싸름한 맛이 어우러지고, 부드럽게 씹히는 치아시드의 식감이 재미있다. 치아시드에는 칼륨, 칼슘, 마그네슘 등의 미네랄이 가득하고 비타민B군과 엽산도 풍부하다. 특히 오메가3도 풍부하여 심혈관질환 예방 등 건강에도 좋다. 치아시드는 원래 크기보다 10배 정도의 수분을 흡수하기에 적은 양으로도 포만감이 뛰어나며 변비에 효과적이다. 치아시드의 섬유질은 식후 혈당이 급격하게 올라가는 것을 막아준다.

방탄커피

1컵

1컵	
칼로리	137㎉
순탄수	0g
단백질	0g
지 방	14.7g

재료_1컵

에스프레소 2샷
물 210~220㎖
MCT오일 5g
기버터 10g(p.50 참조)

1   약 90℃의 물을 컵에 담고, 오일과 버터를 넣어 녹인다.
2   여기에 에스프레소 2샷을 넣고 잘 섞이도록 저어준다.

MCT오일은

Medium Chain Triglycerides의 줄임말로 중간지방사슬을 의미하고, 또 다른 말로 「액상 코코넛 오일」이라고도 부른다. 코코넛오일은 탄소의 개수가 6~12개인 중쇄중성지방이다. 이는 탄소의 개 수가 13~21개인 장쇄중성지방에 비해 인체에서 빠르게 분해되어 에너지로 전환된다. 일반적인 코 코넛오일이 고체상태인데 비해 MCT오일은 낮은 온도에서도 액상상태를 유지하기 때문에, 일반 기름보다 분해가 잘 되어 체내에 지방으로 축적되기 전에 빠르게 에너지화되어 「착한 지방」이라고 도 한다. 너무 많이 먹으면 복통을 일으키기 때문에 하루 10g 이상 섭취하지 않는 것이 좋다. 또한, 발연점이 높지 않기 때문에 센불 가열요리에는 사용하지 않는다.

방탄커피는

고에너지원 커피음료로 저탄고지(Low Carb High Fat, LCHF) 식단에 맞춘 레시피다. 버터와 MCT 오일이 포만감을 높여 일정시간 식욕을 억제할 수 있다. 또한 몸이 지방을 에너지원으로 사용하는 것에 익숙해지게 한다. 다만, 저탄고지 식단을 유지하는 사람은 탄수화물 섭취 부족으로 탈수현상 이 생길 수 있는데, 카페인 또한 이뇨작용이 일어날 수 있으므로 섭취 전후에는 물을 많이 마셔야 한다.

코코넛 라떼

1컵	
칼로리	298kcal
순탄수	13.1g
단백질	13.4g
지 방	21.8g

재료 _ 1컵

두유(또는 아몬드밀크나 캐슈넛밀크) 240g
프락토올리고당 5g
코코넛파우더 18g
코코아파우더(또는 시나몬파우더) 2g
MCT오일 15g
에스프레소 2샷
코코넛크림 적당량

1 냄비에 두유를 넣고 70℃로 따뜻하게 데운다.
2 여기에 프락토올리고당, 코코넛파우더, 코코아파우더, MCT오일, 에스프레소
   를 넣고 거품기로 잘 섞는다.
3 믹싱볼에 코코넛크림을 넣고 거품기로 뿔이 약하게 올라올 정도로 휘핑한다.
   단단한 휘핑크림의 1/2정도의 질감이다.
4 2를 컵에 따르고 휘핑크림을 올린 다음, 기호에 맞게 코코아파우더나 시나몬파
   우더를 뿌린다.

코코넛 라떼는

두유와 코코넛을 이용하여 고소한 맛이 두드러진 달지 않은 담백한 라떼이다. 방탄커피처럼 풍부
한 에너지와 포만감을 준다. 두유에 어느 정도의 탄수화물이 들어있기에 식사 대신 간편하게 즐길
수 있다.

코코넛크림의 휘핑은

일반적인 동물성 지방으로 이루어진 생크림에 비해 거품이 단단하게 오래 유지된다. 맛은 고소하
고 단맛이 약간 느껴지지만 뒷맛이 약간 텁텁하게 느껴질 수도 있다. 옥수수, 대두, 야자유 등으로
만든 식물성 크림보다 코코넛크림이 맛은 물론 휘핑 결과물도 잘 나온다. 단, 코코넛크림은 미리
냉장 보관하여 차갑게 만든 다음 휘핑해야 크림이 잘 올라오는데, 온도가 낮으면 버터처럼 고체화
되기 때문에 주의해야 한다. 고체화되면 코코넛크림에 남아있던 물이나 코코넛밀크를 조금 넣어서
휘핑하면 쉽고 빠르게 크림을 만들 수 있다.

코코아 셰이크

1컵

칼로리	372kcal
순탄수	16.6g
단백질	17.1g
지 방	26.1g

재료 _ 1컵

헤이즐넛(구운) 30g
두유(또는 아몬드밀크) 230g
바닐라빈(씨) 1줄기
프락토올리고당 10g
코코아파우더 2g

MCT오일 2.5g
소금 1g
얼음(큐브형) 2~3개
코코넛칩(선택) 적당량

1 헤이즐넛을 두유에 담가 12시간 정도 불린다.
2 블렌더에 두유와 함께 불린 아몬드를 넣고 곱게 간다.
3 여기에 바닐라빈, 프락토올리고당, 코코아파우더, MCT오일, 소금, 얼음을 넣고 간다.
4 컵에 담고 코코너칩을 토핑으로 장식해도 좋다.

코코아 셰이크 는

달콤한 코코아가 생각날 때 건강하게 즐길 수 있는 음료이다. 두유와 프락토올리고당을 사용하여 당류를 줄였으며, 담백하고 고소한 맛을 살렸다.

키토 슈페너

1컵

칼로리	158kcal
순탄수	8.4g
단백질	1.1g
지 방	11.3g

재료 _ 1컵

코코넛크림 45g
코코넛밀크 10g
에리스리톨 4g
프락토올리고당 16g

소금 1g
에스프레소 2샷
물(약 90℃) 120g
코코아파우더(또는 시나몬파우더)(선택) 적당량

1 믹싱볼에 코코넛크림, 코코넛밀크, 에리스리톨, 프락토올리고당, 소금을 넣고 거품기로 휘저어 휘핑크림을 만든다.
2 컵에 에스프레소 2샷과 뜨거운 물을 부은 다음, 휘핑크림을 올린다.
3 기호에 따라 코코아파우더를 뿌려도 좋다.

키토 슈페너 는

쌉싸름한 커피 위에 부드럽고 달콤한 휘핑크림을 얹은 음료이다. 코코넛크림과 코코넛밀크의 풍부한 지방이 포만감과 에너지를 제공한다.

베 이 킹

———————

디 저 트

———————

로 푸 드

두 가지 맛 크로스티니_
피스타치오 필링 & 헤이즐넛 필링

피스타치오

10개

칼로리	277㎉
순탄수	12.2g
단백질	8.2g
지방	21.5g

헤이즐넛

10개

칼로리	283㎉
순탄수	12.3g
단백질	8.3g
지방	22.0g

재료_ 40개

크로스티니

키토 바게트(두께 1cm) 40개(p.138 참조)   소금 적당량
올리브오일(퓨어) 적당량   후추 적당량

1 오븐은 180℃로 예열한다.
2 볼에 바게트를 넣고 오일을 적당량 골고루 뿌린다.
3 소금과 후추로 바게트 전체에 간을 한다. 바게트의 양이 많으면 시즈닝이 골고
  루 되지 않고 한곳에 뭉치기 때문에 볼 안쪽 가장자리에 묻힌 뒤, 조심스럽게
  바게트를 벽면에 굴려 소금, 후추를 바게트 앞뒤에 묻힌다.
4 오븐팬에 바게트를 가지런히 놓고, 오븐에 8분 동안 굽는다.

피스타치오 필링

피스타치오(물에 1시간 불린) 100g   라임즙 7g
크림치즈(for 락토-오보) 120g   소금 2g
프락토올리고당 40g

1 모든 재료를 블렌더에 넣고 간 다음, 베이킹용 짤주머니에 담는다.
2 구운 바게트 위에 보기 좋게 짜서 올리고, 굵게 다진 피스타치오(분량 외)를 토
  핑하여 마무리한다.

헤이즐넛 필링

크림치즈(for 락토-오보) 180g   바닐라 엑스트렉트 1g
프락토올리고당 80g   헤이즐넛 적당량
소금 2g   카카오닙스 적당량

1 헤이즐넛과 카카오닙스를 제외한 모든 재료를 볼에 담는다.
2 거품기와 고무주걱을 이용해 잘 섞은 다음, 베이킹용 짤주머니에 담는다.
3 구운 바게트 위에 보기 좋게 짜서 올리고, 헤이즐넛과 카카오닙스를 토핑하여
  마무리한다.

락토-오보 베지테리언은

필링 재료로 시판 크림치즈의 사용을 추천한다. 비건은 코코넛밀크와 크림을 이용하여 만든 「비건
리코타치즈 1」(p.64)로 대체하면 꾸덕하고 밀도감 있는 필링을 만들 수 있다.

두 가지 맛 타르트_
레몬 커드 & 라벤더 블루베리 커드

레 몬 커 드

1개

칼로리	423㎉
순탄수	8.0g
단백질	10.9g
지 방	37.8g

재 료 _ 2개(14㎝ 타르트틀)

타 르 트 셸

기버터(녹인) 105g(p.50 참조) 달걀 2개
에리스리톨 10g 아몬드파우더 240g
소금 3g 코코넛파우더 24g

1 오븐을 165℃로 예열하고, 타르트팬에 오일(분량 외)을 발라둔다.
2 볼에 기버터, 에리스리톨, 소금을 넣고 잘 섞는다.
3 이어서 달걀을 넣어 잘 섞고, 2종류의 파우더를 넣어 뭉쳐질 때까지 반죽한다.
4 반죽을 냉장고에서 30분 휴지시키고, 2~3㎜ 두께로 밀어 타르트틀에 맞춰 성형한다.
5 반죽 올린 틀을 오븐에 넣고 13분 정도 구운 다음, 상온에서 식힌다.

레 몬 커 드

판젤라틴 2장 소금 2g
달걀 2개 레몬(제스트+즙) 2개 분량
에리스리톨 40g 기버터 55g(p.50 참조)
프락토올리고당 35g

머 랭 토 핑

달걀흰자 2개 분량
프락토올리고당 25g

1 판젤라틴은 찬물에 미리 불린다.
2 냄비에 달걀, 에리스리톨, 프락토올리고당, 소금을 넣고 거품기로 잘 섞는다.
3 불려둔 젤라틴을 2의 냄비에 넣고 약불에서 1~2분 가열한다.
4 3에 레몬즙과 제스트를 넣는다. 레몬즙을 넣으면 바로 커드 상태가 단단해지므로 그때 불을 끄고 기버터를 넣는다. 남은 열로 버터를 완전히 녹인다.
5 조리 직후의 커드는 약간 묽은 상태가 정상이다. 커드가 따듯할 때 구운 타르트 셸에 붓고 6시간 동안 냉장고에서 굳힌다.
6 타르트가 굳혀지는 동안 머랭을 만든다.
7 머랭 재료를 믹싱볼에 넣고 거품기로 휘핑한다.
8 믹싱볼을 거꾸로 뒤집었을 때, 머랭이 5초 이상 흘러내리지 않고 형태가 유지될 때까지 힘차게 휘핑한다. 완성한 머랭을 냉장 보관한다.
9 5와 머랭을 냉장고에서 꺼내어 버터나이프 또는 고무주걱으로 머랭을 레몬 커드 위에 자연스럽게 올린다.
10 그냥 먹어도 좋지만, 먹기 직전 토치를 이용하여 머랭 표면을 살짝 그을려서 색감을 살려도 좋다.

라 벤 더 블루 베리 커드	
1개	
칼로리	419kcal
순탄수	8.0g
단백질	10.1g
지 방	37.9g

라벤더 블루베리 커드

판젤라틴 2장
블루베리(냉동) 120g
달걀 2개
에리스리톨 30g
프락토올리고당 30g
소금 2g
화이트발사믹 비네거 50g

기버터 55g(p.50 참조)
블루베리(생, 토핑용) 적당량
크림치즈(또는 리코타치즈)(선택)
　　적당량
식용꽃(선택) 적당량
라벤더 2.5g

1　판젤라틴은 찬물에 미리 불린다.
2　블렌더에 블루베리, 달걀, 에리스리톨, 프락토올리고
　　당, 소금을 넣고 간다.
3　불려둔 판젤라틴과 **2**를 냄비에 넣고 약불에 올려 거
　　품기로 저으면서 1분 정도 가열한다.
4　냄비에 화이트발사믹 비네거를 넣는다. 산이 들어가
　　면 바로 커드 상태가 단단해지므로 그때 불을 <u>끄</u>고
　　기버터를 넣는다. 남은 열로 버터를 완전히 녹인다.
5　조리 직후의 커드는 약간 묽은 상태가 정상이다. 커드
　　가 따듯할 때 구운 타르트셸에 붓고 6시간 동안 냉장
　　고에서 굳힌다.
6　냉장고에서 꺼내어 기호에 맞게 블루베리, 크림치즈,
　　식용꽃, 말린 라벤더 등을 장식한다.

레 몬 커 드 & 라 벤 더 블루 베 리 커 드 는

레몬과 블루베리의 상큼한 맛과 은은한 향이 돋보이는 가벼운 느낌
의 타르트이다. 커드를 만드는 과정에서 가장 주의할 것은 불 조절
이다. 약불에서 아주 짧은 시간 가열해야 한다.

레몬 사브레

3개	
칼로리	295㎉
순탄수	3.2g
단백질	7.6g
지 방	26.8g

재 료 _ 약 10개(1개 20g)

기버터 60g(p.50 참조)
에리스리톨 45g
달걀 1개
바닐라 엑스트렉트 2g
레몬(즙+제스트) 1개 분량
젤라틴파우더 25g
베이킹파우더 2g
베이킹소다 1g
아몬드파우더 150g

1 기버터는 미리 냉장고에서 꺼내어 1시간 정도 상온에 두고 부드럽게 녹인다.
2 믹싱볼에 녹은 기버터를 넣고 거품기로 크림처럼 풀어준 다음, 에리스리톨을 섞는다.
3 이어서 달걀, 바닐라 엑스트렉트, 레몬즙과 제스트를 넣고 잘 섞는다.
4 여기에 젤라틴파우더, 베이킹파우더, 베이킹소다를 넣고 섞다가 아몬드파우더를 넣고 반죽한다.
5 오븐은 170℃로 예열한다.
6 반죽을 냉장고에 30분 휴지시킨 다음, 20g씩 동그랗게 빚는다.
7 쿠키 반죽을 오븐팬에 가지런히 놓고, 오븐에 15분 정도 굽는다.
8 쿠키는 구워지면서 동그란 모양에 자연스럽게 크랙이 생기면서 옆으로 퍼진다.

레몬 사브레는

탄수화물과 당류를 줄인 키토제닉 디저트이다. 레몬향이 은은한 사브레는 상큼한 「디톡스 탄산수」(p.100)나 담백한 「아몬드밀크」(p.80)와 함께 즐겨도 잘 어울린다.

베이킹소다와 베이킹파우더 모두

화학적 팽창제의 알칼리성 화합물이다. 베이킹소다의 단일성분 팽창제를 보완하기 위해 산성 인산염을 배합하여 알칼리 성분을 중화시키고, 이산화탄소 가스 발생의 양과 속도를 조절한 것이 베이킹파우더이다. 베이킹소다는 옆으로 퍼지는 성질이 있고 베이킹파우더는 위로 부푸는 성질이 강하기 때문에 베이킹에서 알맞게 팽창시키려면 반드시 정확한 계량으로 2종류를 적절히 사용해야 한다.

로푸드 레몬 타르트

1/4개	
칼로리	304kcal
순탄수	28.1g
단백질	7.4g
지 방	18.4g

재 료 _ 2개(12cm 타르트틀)

크러스트

오트밀 280g	프락토올리고당 30g
아몬드 30g	카카오파우더 15g
코코넛오일 30g	소금 3g

1 푸드프로세서에 모든 재료를 넣고 간다.
2 가루 종류가 지방과 유화되어 뭉쳐지기 시작하면 꺼내서 손으로 반죽한다.
3 반죽을 2mm 두께로 밀어서 타르트틀에 넣고 모양을 잡은 다음, 냉동실에서 얼린다.

필링

캐슈넛(물에 12시간 불린) 300g	레몬(즙+제스트) 2개 분량
코코넛크림 100g	프락토올리고당 60g
코코넛오일 30g	

1 모든 재료를 푸드프로세서에 넣고 간다.
2 미리 만든 크러스트 위에 붓고 냉동실에서 6시간 정도 얼린다.
3 기호에 맞게 말린 레몬과 제스트, 식용꽃으로 장식한다.
4 냉동실에서 갓 꺼낸 타르트는 상온에서 30분 또는 냉장고에서 2시간 정도 해동한 후 먹는다.

장식용 레몬 슬라이스와 제스트는
식품건조기를 이용하여 만들 수 있다. 두께 2mm의 레몬 슬라이스 기준으로 55~60℃, 약 12시간 말린다. 재료의 두께나 크기에 따라 온도와 시간은 달라지니 주의하면서 건조시킨다.

로푸드 레몬 타르트는
부드럽고 상큼한 맛의 레몬 필링과 촉촉한 크러스트의 식감이 돋보인다. 아몬드, 캐슈넛 등 의외로 탄수화물 비중이 있으므로 섭취량에 주의한다. 또한, 크러스트에 오일이 너무 많으면 지나치게 찐득해질 수 있으니 신경써야 한다. 필링은 충분히 갈아야 크림 같은 상태가 된다.

로푸드(Raw-Food)란
46℃ 이하의 열로 조리하면서 버터, 우유, 치즈 등 유제품을 넣지 않고 만드는 채식이다. 끓이지 않기 때문에 효소가 살아있어 몸속 노폐물의 배출로 독소가 쌓이는 것을 막을 수 있고, 각종 비타민 등의 영양성분이 살아있다. 로푸드의 핵심은 익히지 않은 것이기 때문에 밥처럼 익힌 곡류와 채소를 먹지 않아 채식주의자를 위한 채식식단과는 다르다.

로푸드 아보카도 케이크

1/3개

칼로리	228kcal
순탄수	4.1g
단백질	5.1g
지 방	20.0g

재 료 _ 2개(8cm 틀)

크 러 스 트
아몬드파우더 80g
아몬드 20g
헤이즐넛 10g
코코넛오일 10g
프락토올리고당 20g
소금 2g

1 푸드프로세서에 모든 재료를 넣고 간다.
2 가루 종류가 지방과 유화되어 뭉쳐지기 시작하면 꺼내서 손으로 반죽한다.
3 반죽을 7mm 두께로 밀어서 타르트틀에 넣고 모양을 잡은 다음, 냉동실에 넣어
  얼린다.

필 링
아보카도(냉동) 160g
코코넛오일 5g
프락토올리고당 15g
라임즙 15g
코코넛크림 30g
소금 2g
바닐라 엑스트렉트 1g

1 모든 재료를 푸드프로세서에 넣고 간다.
2 미리 만든 크러스트 위에 붓고 냉동실에서 6시간 정도 얼린다.
3 기호에 맞게 말린 라임, 코코넛칩, 크림치즈 또는 리코타치즈, 식용꽃 등으로
  장식한다.
4 냉동실에서 갓 꺼낸 타르트는 상온에서 30분 또는 냉장고에서 2시간 정도 해
  동한 후 먹는다.

로 푸 드 아 보 카 도 케 이 크 는
고소한 아보카도의 식감과 맛을 그대로 살렸다. 크러스트를 조금 더 얇게 만들면 탄수화물의 양을
줄일 수 있고, 담백한 아메리카노와 잘 어울린다.

로푸드 어니언링

1인분

칼로리	162kcal
순탄수	12.7g
단백질	8.9g
지 방	8.6g

재료 _ 2인분

양파(링모양) 2개 분량
코코넛크림 적당량
프락토올리고당 적당량
아몬드파우더 적당량

1 양파는 링모양으로 잘라 코코넛크림에 약 1시간 재워서 아린 맛을 제거한 후
   체로 건진다.
2 프락토올리고당을 양파링에 흩뿌린 다음 아몬드파우더를 묻힌다.
3 건조기를 45℃로 세팅하고 6시간 동안 말린다.

낫토청양마요 소스

낫토 100g
비건 마요네즈(또는 마요네즈) 50g(p.66 참조)
청양고추(다진) 1개 분량
프락토올리고당 10g
소금 1.5g

1 믹싱볼에 모든 재료를 넣고 잘 섞는다.

로푸드 어니언링은

바삭함보다는 부드럽고 촉촉한 식감이다. 조금 더 바삭한 식감을 원한다면 코코넛플레이크를 묻혀
서 건조시키면 좋다. 가볍고 건강한 술안주로도 제격이다.

낫토청양마요는

소스 자체가 개성이 강하기 때문에 비교적 담백한 맛의 식재료와 잘 어울린다. 맛이 강하지 않은
저탄수 크래커나 바게트와 곁들여도 좋다.

건조기 조리가 가능한 요리는

발아시킨 견과류를 말리거나 로푸드 크래커, 로푸드 피자도우 등을 만들 수 있다. 과일이나 뿌리채
소를 말려서 먹는 것은 당류가 증가하고 탄수화물 섭취가 많아지므로 추천하지 않는다.

로푸드 초콜릿

1인분(60g)	
칼로리	306kcal
순탄수	8.7g
단백질	10.6g
지 방	25.3g

재 료 _ 230g

아몬드 150g
캐슈넛 50g
코코넛오일 95g
카카오파우더 17g
시나몬파우더 5g
프락토올리고당 23g
소금 1.5g
오렌지 제스트 적당량
장미잎(말린) 적당량
견과류(여러 종류, 다진)(토핑용 포함) 적당량

1 푸드프로세서에 아몬드와 캐슈넛을 넣고 60% 정도만 간다.
2 이어서 코코넛오일, 카카오파우더, 시나몬파우더, 프락토올리고당을 넣고 함께
  간다.
3 오렌지 제스트, 말린 장미잎, 다진 견과류 등은 토핑용을 조금 남겨 놓고 믹싱
  볼에 2, 소금과 함께 넣어 손으로 섞는다.
4 토핑용 오렌지 제스트, 말린 장미잎, 다진 견과류를 섞어서 트레이 위에 넓게
  깐다.
5 초콜릿 반죽을 편평하게 성형한 다음, 한쪽 면에 4를 묻힌다.
6 토핑 묻힌 면을 위로 올라오게 하여 냉동실에서 약 4시간 굳힌 다음, 먹기 좋은
  사이즈로 자른다.

로 푸 드 초 콜 릿 은
코코넛오일이 상온에서 녹기 때문에 보관에 주의해야 한다. 또한 각종 견과류의 탄수화물 양도 주
의하여 섭취량을 신경써야 한다.

스피니치 키슈

1/6개	
칼로리	212kcal
순탄수	2.7g
단백질	5.4g
지 방	20.0g

재 료 _ 1개(14cm 키슈틀)

타르트셀 1개(p.116 참조)
코코넛크림 120g
코코넛밀크 55g
달걀 2개
달걀노른자 1개
소금 2g
시금치 40g
양송이(슬라이스) 3개
방울토마토(반으로 자른) 6개
블랙올리브(씨 없는, 반으로 자른) 12개
만능파기름(또는 아보카도오일) 적당량(p.94 참조)

1　타르트셀을 만든다.

2　오븐은 165℃로 예열한다.

3　믹싱볼에 코코넛크림, 코코넛밀크, 달걀, 달걀노른자, 소금을 넣고 섞는다.

4　시금치는 잎만 분리하여 씻은 다음, 수산화나트륨을 빼기 위해 끓는 물에 10초 데쳐서 건진다.

5　프라이팬을 강불에 달구고 만능파기름을 두른 다음 데친 시금치, 양송이, 방울 토마토, 블랙올리브를 볶는다.

6　타르트셀 안에 볶은 재료를 넣고 3을 붓는다.

7　오븐에서 35분 굽는다.

스피니치 키슈는

단백질과 지방이 풍부하기 때문에 한 끼 식사로 손색이 없다. 타르트셀에 필링을 채울 때 80% 이하로 채워야 익을 때 부풀면서 넘치지 않는다. 또한, 필링을 채운 다음, 타르트틀을 바닥에 탁탁 쳐서 기포를 빼낸다. 구울 때 중심부를 젓가락으로 찔러 묻어나는 것이 없어야 잘 구워진 것이다.

얼그레이 코코넛 아이스크림

1인분(200g)	
칼로리	373㎉
순탄수	25.7g
단백질	8.1g
지 방	25.2g

재료 _ 1kg

캐슈넛(물에 12시간 불린) 590g
코코넛밀크 230g
얼그레이 28g
프락토올리고당 160g
기버터(녹인) 15g(p.50 참조)
바닐라 엑스트렉트 7g
소금 5g

1 물에 불린 캐슈넛은 체에 밭쳐서 물기를 뺀다.
2 코코넛밀크를 따듯하게 데워 얼그레이를 넣고 식힌다.
3 모든 재료를 블렌더에 넣고 부드럽게 간다.
4 넓은 볼에 옮겨 담고 냉동실에 약 3시간 얼린다.
5 냉동실에서 꺼내 푸드프로세서에 넣고 간다.
6 4~5를 반복한다. 2번 정도 반복하면 결정이 없는 크리미한 아이스크림을 만들 수 있다.
7 완성된 아이스크림에 코코넛칩(분량 외)을 뿌려서 먹어도 맛있다.

얼그레이 대신

라벤더나 장미 등의 티백으로 대체해도 이 레시피와 잘 어울린다. 라벤더는 로즈마리, 세이지, 타임과 같은 허브류와 향의 조화가 좋고, 장미는 라즈베리, 피스타치오, 초콜렛, 카다몸과 맛의 조합이 좋으므로, 기호에 맞게 재료를 선택해서 더 넣으면 또 다른 맛의 아이스크림을 만들 수 있다.

얼그레이 코코넛 아이스크림은

고소한 코코넛향과 향긋한 얼그레이향이 잘 어우러진다. 지방이 많아 묵직한 느낌이 강한데, 조금 더 가벼운 느낌을 원하면 코코넛밀크와 코코넛크림을 반반 섞어서 만들면 좋다.

진저 라임 아이스크림

1인분(200g)	
칼로리	363㎉
순탄수	31.2g
단백질	10.3g
지 방	23.3g

재 료 _ 1㎏

캐슈넛(물에 12시간 불린) 590g
캐슈넛밀크(또는 두유) 250g
레몬그라스 1줄기
생강 가루 15g
라임(제스트+즙) 3개 분량
프락토올리고당 160g
MCT오일 15g
소금 5g

1 물에 불린 캐슈넛은 체에 밭쳐서 물기를 뺀다.
2 캐슈넛밀크를 따듯하게 데워 레몬그라스와 생강가루를 넣고 30분 동안 향을 우려내면서 식힌 다음, 레몬그라스를 건져낸다.
3 블렌더에 밀크와 불린 캐슈넛을 넣고 간 다음, 면포에 밭쳐 짜낸다.
4 블렌더에 짜낸 밀크와 함께 나머지 모든 재료를 넣고 골고루 섞는다.
5 넓은 볼에 옮겨 담고 냉동실에 약 3시간 얼린다.
6 냉동실에서 꺼내 푸드프로세서에 넣고 간다.
7 5~6을 반복한다. 2번 정도 반복하면 결정이 없는 크리미한 아이스크림을 만들 수 있다.
8 완성된 아이스크림에 말린 레몬과 라임의 제스트를 뿌리고, 피스타치오를 곁들여 먹으면 맛있다.

캐 슈 넛 과 캐 슈 넛 밀 크

캐슈넛에는 비타민K와 판토텐산, 리놀레산 등이 풍부해 콜레스테롤 저하에 도움을 주며 단백질, 철분, 엽산, 불포화지방이 다량 함유되어 있다. 캐슈넛 외에도 견과류로 만든 너츠밀크는 불포화지방산, 비타민 등 영양소가 풍부하다. 또한 칼로리와 포화지방이 적어 채식인만이 아니라 다이어트를 하는 사람들도 즐겨 찾는다. 유당이 없기 때문에 유당불내증 환자도 먹을 수 있다.

진 저 라 임 아 이 스 크 림 은

코코넛향과 함께 상큼한 라임, 알싸한 생강이 잘 어우러진다.

콜리플라워 크러스트

1장(350g)

칼로리	640㎉
순탄수	9.9g
단백질	52.3g
지 방	44.1g

재료 _ 700g(20㎝×20㎝ 2장)

콜리플라워(또는 콜리플라워 라이스) 350g
모차렐라 300g
달걀 5개
마늘(다진) 10g
오레가노 5g

1 콜리플라워를 푸드프로세서에 넣어 쌀알 크기로 다진 다음, 끓는 소금물에 10
   분 동안 삶는다.
2 콜리플라워를 체로 건져서 믹싱볼에 담는다.
3 콜리플라워가 뜨거울 때 모차렐라를 넣고 녹이면서 나머지 재료를 모두 넣고
   섞는다.
4 오븐을 180℃로 예열한다.
5 반죽을 넓게 펴서 피자도우처럼 편평하게 성형한다.
6 반죽을 오븐팬에 올려 20분 동안 오븐에 구운 다음, 식혀서 냉동 보관한다.
7 사용할 때는 미리 상온에 꺼내서 해동한 다음 사용하거나, 냉동 시트를 바로 사
   용한다면 190℃ 오븐에 20분 굽는다.

콜 리 플 라 워 는

브로콜리와 비슷하게 생겼으나 영양가는 더 높다. 100g만 먹어도 비타민C 하루권장량을 모두 충
족시키고, 가열요리에도 영양성분이 쉽게 손실되지 않는다. 특히, 탄수화물이 거의 없어 키토제닉
식재료로 적합하다. 풍부한 식이섬유와 낮은 칼로리, 그에 비해 높은 포만감 때문에 다이어트 식품
으로 각광받고 있다. 콜리플라워 라이스는 콜리플라워를 쌀알모양으로 잘게 썰어 쌀 대신 사용하
는 것이다. 제대로 조리하면 쌀에 가까운 식감이 될 수 있고, 볶음밥이나 리소토 등으로 활용하기
에 좋다. 최근에는 시판제품도 여러 종류 찾아볼 수 있다. 직접 콜리플라워 라이스를 만들 경우에
는 푸드프로세서를 추천한다. 그레이터보다 빠르고 간편하며, 크기가 균일하고 뭉개지지 않는 식
감을 얻을 수 있기 때문이다.

콜 리 플 라 워 크 러 스 트 활 용

탄수화물 함유량이 적어 키토 친화적이다. 미리 만들어서 냉동 보관해놓으면 사용이 간편하다. 냉
동 도우처럼 언제든지 꺼내어 오일이나 기버터를 발라 구워 수프나 커리에 곁들이면 그 맛 또한 조
화롭다.
마르게리타 피자(p.214), 스피니치 피자(p.216).

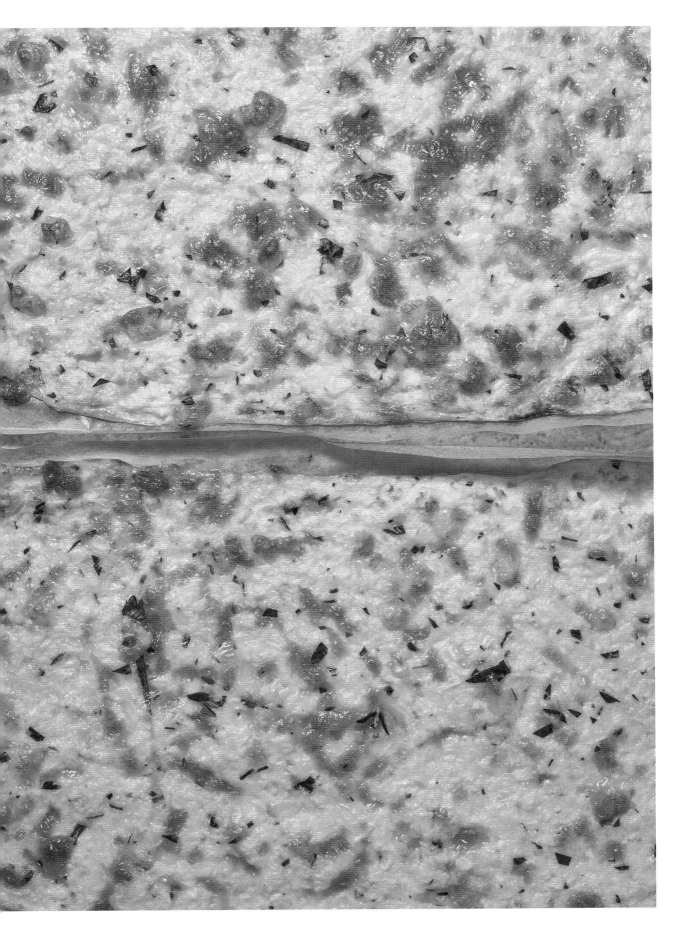

키토 바게트

1덩어리	
칼로리	789㎉
순탄수	34.4g
단백질	60.7g
지 방	9.9g

재료 _ 2덩어리(30㎝)

아몬드파우더 300g	달걀흰자 10개 분량
차전자피 가루 80g	달걀 4개
코코넛파우더 120g	버터밀크 360g
아마씨 가루 150g	애플사이다 비네거 110g
베이킹소다 10g	물 340g
소금 5g	

1 믹싱볼에 모든 가루 종류와 베이킹소다, 소금을 넣고 잘 섞는다.

2 다른 믹싱볼에 달걀흰자, 달걀, 버터밀크, 애플사이다 비네거, 물을 넣고 잘 섞는다.

3 1에 2를 부으면서 반죽한다.

4 반죽을 2덩어리로 나누고 젖은 수건에 싸서 30분 동안 휴지시킨다.

5 반죽을 손바닥으로 조심히 누르면서 직사각형으로 만든다.

6 반죽의 1/3을 접고, 반대편 1/3을 접은 다음, 마지막으로 절반을 접는다.

7 28~30㎝의 길이가 되게 살살 굴려가면서 늘린다.

8 바게트틀에 반죽을 넣고 젖은 수건으로 덮어서 약 27℃ 환경에서 90분 동안 발효시킨다.

9 상온 발효를 할 때는, 반죽 겉면이 절대 마르지 않도록 주의해야 한다.

10 발효가 끝난 바게트에 쿠프나이프를 이용해 사선으로 쿠프 3개를 넣는다.

11 스팀오븐을 180℃로 예열한 다음, 바게트를 10분 동안 굽는다.

12 오븐 온도를 150℃로 내리고 30분 더 굽는다.

키 토 바 게 트 는

일반적인 바게트의 바삭하고 딱딱한 느낌보다 살짝 폭신하고 촉촉한 질감이 두드러진다. 키토 바게트는 들어가는 재료도 많은 만큼 까다로운 레시피다. 밀가루와 천연효모가 들어간 일반 바게트는 겉표면의 크러스트가 얇고 바삭하며 단면의 기공이 큰 반면, 키토 바게트는 드라마틱한 공기구멍이 나타나지 않아 전체적인 질감이 보다 뭉쳐 있고 파운드케이크에 가깝다. 이를 보완하기 위해 완성된 키토 바게트에 오일 또는 버터를 발라서 구워 먹는 것을 추천한다.

보통 발효과정을 거치면서 글루텐과 효모로 인해 부푸는 일반적인 바게트와는 달리 키토 바게트의 팽창제는 달걀흰자와 베이킹소다이다. 이것들은 반죽 과정에선 접착제처럼 모든 재료가 결합(binding)하기 쉬운 형태가 되게 도와주며 발효와 굽는 단계에서 부피를 키운다.

키 토 바 게 트 의 활 용

두 가지 맛 크로스티니(p.114).

현미식빵

1/2덩어리	
칼로리	376kcal
순탄수	4.3g
단백질	11.4g
지 방	35.7g

재료 _ 1덩어리(22㎝×10㎝ 식빵틀)

아몬드파우더 200g
현미 가루 60g
에리스리톨 15g
물 175g
소금 4g
이스트 15g
아보카도오일 30g

1   믹싱볼에 아몬드파우더, 현미가루, 에리스리톨을 넣고 잘 섞는다.
2   다른 믹싱볼에 물, 소금, 이스트, 아보카도오일을 넣고 잘 섞는다.
3   1에 2를 부으면서 반죽한다.
4   완성된 반죽 위에 랩을 씌워 상온에서 1시간 정도 1차 휴지에 들어간다.
5   식빵틀에 아보카도오일(분량 외)을 바른다.
6   반죽을 식빵틀에 넣고 랩을 씌워 30분 동안 2차 휴지에 들어간다.
7   오븐을 190℃로 예열한다.
8   반죽 담긴 식빵틀을 오븐에 넣고 20~25분 굽는다.

밀가루 대신 아몬드파우더를

주재료로 사용하여 순탄수가 낮고 식이섬유가 풍부해 먹은 다음 속이 편안하다. 아몬드파우더를 이용한 베이킹을 하다보면 처음에는 반죽할 때 글루텐이 형성되지 않아 당황하는 경우가 많다. 하지만, 반죽을 구형화시키는 느낌이 아니라, 잘 섞은 진 반죽을 만들어 틀에 붓는다고 생각하면 된다. 구울 때 가급적이면 중간 체크를 하려고 오븐을 열지 않아야 하고, 다 구워진 빵은 충분히 식힌 다음 자른다.

현미식빵의 활용

현미식빵은 일반 밀가루를 이용한 시판용 식빵에 비해 아몬드파우더와 현미의 고소한 향이 코를 자극한다. 생크림이나 기버터 등을 곁들여 먹으면 키토제닉한 식사가 된다. 다만, 빵이니만큼 탄수화물의 섭취량에 주의한다.

찬　요리

구운 두부 포케

1인분

칼로리	713㎉
순탄수	31.7g
단백질	17.7g
지 방	54.4g

재료 _ 1인분

로메인 20g
톳 10g
오이(두께 1㎝) 10g
적양파(두께 5㎜) 10g
병아리콩(삶은) 10g(p.72 참조)
건해초 모둠(선택) 2g

두부(3㎝×3㎝ 깍둑썬) 70g
만능파기름(또는 아보카도오일) 적당량(p.94 참조)
영양 곤약밥 100g(p.198 참조)
들기름 6g
타히니 드레싱 100g(p.60 참조)

1 로메인은 한입크기로 듬성듬성 잘라 흐르는 물에 씻은 다음, 체에 밭쳐 물기를 뺀다.
2 톳은 가위로 한입크기로 자른 다음 흐르는 물에 씻어서 생으로 준비하거나 데쳐놓는다. 보통 생으로 즐기지만, 데칠 경우에는 끓는 물에 10~15초 데치고 찬물에 재빨리 식힌 다음 체에 밭쳐 물기를 뺀다.
3 오이는 1㎝ 두께로 잘라 소금을 넉넉히 뿌리고 20분 절인 다음 흐르는 물에 충분히 씻은 다음, 손으로 물기를 짠다.
4 적양파는 결방향으로 두께 5㎜로 잘라 찬물에 20분 담근 다음, 체에 밭쳐 물기를 뺀다.
5 병아리콩은 반나절 불린 다음, 끓는 물에 삶거나 캔제품일 경우에는 그대로 사용한다.
6 건해초는 찬물에 담궈 두면 금세 불어나므로 물기만 제거한 후 바로 사용한다.
7 뜨겁게 달군 프라이팬을 약중불에서 만능파기름을 두르고 두부를 앞뒤 노릇하게 굽는다.
8 볼에 곤약밥을 담고 들기름을 뿌린다. 들기름은 포케를 비벼먹을 때 밥알과 토핑재료가 하나하나 살아있게 해주고, 은은하고 고소한 향까지 즐길 수 있다.
9 8에 로메인을 풍성하게 담고 준비한 2~7의 재료를 보기 좋게 올린다.
10 타히니 드레싱은 직접 뿌리거나, 소스볼에 따로 담아 기호에 맞게 곁들인다.

두부 는

으깨서 다양한 채소와 함께 동그랗게 빚어 두부 스테이크로도 좋고, 채식버거의 번이나 패티로도 활용 만점이다. 두부를 길다랗게 잘라 구워서 김밥 재료로 활용해도 훌륭하다. 이렇게 두부는 담백한 맛과 든든함이 고기를 대체하는 식재료로서의 역할을 톡톡히 해낸다. 시중에 나와 있는 두부면이나 포두부를 이용한 다이어트 요리도 좋다.

보코치니 토마토 샐러드

1인분	
칼로리	569 kcal
순탄수	9.9g
단백질	22.4g
지 방	48.8g

재 료 _ 2인분

피클액
  레몬 드레싱 320g(p.54 참조)
  애플사이다 비네거 80g
  소금 8g
방울토마토 200g
보코치니 250g
레몬 / 라임 제스트 각 1/2개 분량씩
올리브오일(엑스트라버진) 적당량
소금 적당량
후추 적당량
새싹채소 적당량

1 밀폐용기에 레몬 드레싱, 애플사이다 비네거, 소금을 거품기로 섞어 피클액을
   만든다.
2 방울토마토는 끓는 물에 약 15초 데친 다음 껍질을 벗긴다.
3 토마토를 피클액에 넣고 12시간 이상 절인다.
4 믹싱볼에 토마토와 피클액 3큰술, 올리브오일을 넣어 섞고, 소금과 후추로 간
   을 한다.
5 접시에 4와 보코치니를 넣고 레드 소렐이나 완두순 등 새싹채소를 올린다.
6 레몬과 라임 제스트를 전체적으로 흩뿌려서 장식한다.

보 코 치 니 치 즈 는

모짜렐라를 동그랗고 조그만 크기로 모양을 낸 치즈이다. 이탈리아어로 「한입」을 의미하는
「bocca」에서 유래한 이름이다. 작고 귀여워서 플레이팅하기에 좋다. 너무 차가운 상태는 살짝 질
길 수 있으므로 먹기 30분 전에 냉장고에서 꺼내두면 좋다. 샐러드의 토핑으로도 좋고, 올리브오일
과 소금, 후추 등을 뿌려서 먹으면 든든한 간식이 된다.

리코타치즈 찹샐러드

1인분

칼로리	624kcal
순탄수	24.7g
단백질	14.0g
지 방	52.0g

재 료 _ 2인분

그린 브로콜리 1/3포기 분량
노란 콜리플라워 1/3포기 분량
하얀 콜리플라워 1/3포기 분량
로메인(크게 다진) 3포기 분량
블랙 세서미 드레싱 100g(p.60 참조)
올리브오일(엑스트라버진) 30g
소금 적당량
후추 적당량
비건 리코타치즈 120g(p.64 1번 참조)
레몬 제스트(선택) 1개 분량

1 그린 브로콜리, 노란 콜리플라워, 하얀 콜리플라워를 각각 준비하기 어렵다면 3 종류 중 하나만 선택하여 1포기 분량으로 사용한다. 브로콜리와 콜리플라워는 3~5cm 크기로 손질한다. 참고로 대형마트에서 간혹 3종 이상의 믹스 콜리플라 워를 팔기도 하니 일단 찾아보기 바란다.

2 끓는 물에 손질한 채소를 30초 데치고 찬물에 충분히 헹군 다음, 체에 밭쳐 물 기를 뺀다.

3 나중에 뿌릴 블랙 세서미 드레싱을 따로 조금 남기고 믹싱볼에 로메인, 블랙 세 서미 드레싱, 올리브오일, 소금, 후추를 넣고 버무린다.

4 접시에 3을 담고 리코타치즈와 브로콜리, 콜리플라워를 올린 다음 블랙 세서미 드레싱을 위에 뿌린다.

5 레몬 제스트를 마지막으로 전체에 뿌려도 좋다.

리코타치즈 찹샐러드 활용

찹샐러드는 취향에 따라 자유롭게 응용할 수 있는 간단한 요리다. 각종 잎채소를 한입크기로 자르 고 살짝 식힌 곤약밥을 곁들여서 기호에 맞는 드레싱으로 버무려 샐러드 웜볼(warm bowl, 아래 참 조)을 만들어도 좋다. 든든한 포만감을 느낄 수 있는 한 끼 식사로도 손색이 없다.

재 료 _ 2인분

로메인(크게 다진) 2장 분량
영양 곤약밥 160g(p.198 참조)
레몬 드레싱(또는 블랙세서미 드레싱)
  120g(p.54, p.60 참조)
올리브오일 10g
비건 리코타치즈 120g(p.64 1번 참조)

1 믹싱볼에 로메인, 영양 곤약밥, 레몬 드레싱, 올리 브오일을 넣고 살살 잘 섞는다.

2 볼에 담아 한입크기로 자른 리코타치즈를 올려서 먹는다.

엔다이브 크뤼디테

1인분

칼로리	542kcal
순탄수	5.6g
단백질	3.0g
지 방	56.4g

재 료 _ 2인분

레몬 타임 마스카르포네 240g(p.56 참조)
MCT오일 10g
피스타치오(다진) 12g
소금 5g
엔다이브(노란) 1포기
엔다이브(붉은) 1포기
올리브오일(엑스트라버진) 10g
완두순(선택) 적당량

1 믹싱볼에 레몬 타임 마스카르포네, MCT오일, 피스타치오 10g, 소금을 넣고 스
   패출러로 잘 섞어 디핑소스를 만든다.
2 엔다이브를 1장씩 떼어내서 흐르는 물에 깨끗이 씻는다.
3 1의 디핑소스를 볼에 담고 엔다이브를 1장씩 꽂는다.
4 올리브오일을 전체에 뿌린다.
5 남은 피스타치오를 뿌리고, 완두순 등의 새싹채소로 장식해도 좋다.

크 뤼 디 테 (Crudité) 는
라틴어로 「날음식」이란 의미로, 생채소를 간단한 디핑소스와 곁들여 먹는 프랑스의 전통 애피타이
저이다. 간단하게 먹을 수 있는 크뤼디테를 소개한다. 식탁에 채소 스틱을 투명한 컵에 컬러풀하게
꽂고, 디핑소스를 곁들어 놓으면 훌륭한 애피타이저가 된다.
비건 랜치 드레싱(p.62) + 미니 당근 또는 당근 스틱
차지키 소스(p.84) + 오이 스틱 또는 셀러리 스틱

시트러스 부라타치즈

1인분

칼로리	691kcal
순탄수	15.9g
단백질	14.3g
지 방	63.1g

재 료 _ 2인분

오렌지 1개
자몽 / 루비레드 각 1/2개씩
레몬 드레싱 150g(p.54 참조)
부라타치즈 2개
올리브오일(엑스트라버진) 15g
소금 적당량
후추 적당량
레몬 / 라임 제스트 각 1/2개 분량씩
식용꽃(선택) 적당량

1 오렌지와 자몽은 속껍질까지 벗기고 과육만 따로 준비한다.
2 믹싱볼에 손질한 오렌지, 자몽, 레몬 드레싱을 넣고 섞는다.
3 접시에 2를 편평하게 담고 부라타치즈를 반으로 잘라서 올린다.
4 부라타치즈 위에 올리브오일, 소금, 후추를 살짝 뿌린다.
5 레몬과 라임 제스트를 전체에 뿌린다.
6 마지막에 식용꽃을 장식해도 좋다.

바질페스토 냉파스타

1인분

칼로리	472kcal
순탄수	12.7g
단백질	7.4g
지 방	42.9g

재 료 _ 2인분

당근 1/3개
주키니 1/3개
콜라비 1/4개
베지 스톡(조리수) 적당량(채소면을 데칠 분량)(p.92 참조)
소금 적당량
마카다미아 바질페스토 160g(p.58 참조)
비건 파마산치즈 40g(p.70 참조)
올리브오일(엑스트라버진) 적당량
레드 소렐(또는 완두순) 적당량
견과류 적당량

1 당근, 주키니, 콜라비는 스파이럴라이저(회전채칼)을 이용하여 얇은 면으로 만든다.

2 냄비에 채소면을 데칠 분량의 베지 스톡과 소금을 넣고 끓인다.

3 베지 스톡에 채소면을 30초 정도 데친 다음 건져서 얼음물에 담가 식힌다.

4 믹싱볼에 물기를 뺀 채소면과 바질페스토, 파마산치즈를 넣고 버무린다. 간이 부족하면 소금을 적당히 넣는다.

5 면을 그릇에 담고 올리브오일을 뿌린다.

6 기호에 맞게 레드 소렐이나 완두순 등 새싹채소를 얹고 견과류를 뿌려서 마무리한다.

바질페스토 냉파스타 활용

더 간단하게 만드는 레시피이다. 위 레시피에서 파마산치즈를 빼고, 곁들인 새싹채소와 견과류를 넣지 않은 냉파스타로, 식물성 지방과 단백질 함량이 줄어든 저칼로리 버전이다.

완두콩 후무스와 아보카도칩

1인분	
칼로리	578㎉
순탄수	15.5g
단백질	4.5g
지 방	51.4g

재 료 _ 2인분

프락토올리고당 50g
레몬즙 15g
아몬드파우더 6g
카이엔페퍼 3g
소금 2g
아보카도(두께 1㎝) 2개
완두콩 후무스 100g(아래 참조)
레드 소렐(선택) 적당량

1 믹싱볼에 프락토올리고당과 레몬즙을 넣고 잘 섞는다.
2 다른 볼에 아몬드파우더, 카이엔페퍼, 소금을 넣고 잘 섞는다.
3 아보카도를 1에 잘 버무린 다음, 2의 파우더를 묻힌다.
4 건조기를 60℃로 세팅하고 아보카도를 5시간 정도 말린다.
5 완두콩 후무스는 냄비에 물을 조금 넣고 약불에 따듯하게 데운다.
6 접시에 완두콩 후무스를 편평하게 펼치고, 그 위에 아보카도칩을 올린다.
7 전체적인 그린톤에 붉은 색감을 위해 레드 소렐을 장식해도 좋다.

완 두 콩 후 무 스

재 료 _ 320g

완두콩(삶은) 150g
병아리콩(삶은) 30g(p.72 참조)
타히니 드레싱 30g(p.60 참조)
베지 스톡(조리수) 60g(p.92 참조)
마늘(다진) 10g

레몬즙 15g
만능파기름(또는 올리브오일) 43g(p.94 참조)
뉴트리셔널 이스트(영양효모) 8g
소금 6g

1 모든 재료를 블렌더에 넣고 곱게 간다.
2 완두콩 후무스는 일반 후무스보다 좀 더 꾸덕한 질감이다. 기호에 따라 부드러운 질감을 원한다면, 소량의 베지 스톡을 따듯하게 데워 블렌더에 함께 넣고 충분히 간다.

완 두 콩 후 무 스 활 용

완두콩 후무스는 엔다이브 크뤼디테(p.150)처럼 생채소에 곁들여 찍어 먹는 용도로 활용할 수 있다. 현미 식빵(p.140) 또는 키토 바게트(p.138)에 기버터를 발라 살짝 구운 후, 완두콩 후무스를 스프레드로 발라 먹어도 좋다.

살사 베르데와 스프링롤

5개	
칼로리	354㎉
순탄수	27.0g
단백질	11.2g
지 방	22.1g

재료 _ 10개

스프링롤 소

두부 160g
아보카도오일 적당량
파(다진) 40g
맛간장 5g
소금 적당량
후추 적당량
생표고(또는 불린 건표고) 6개
버터헤드레터스 10~12장
숙주 100g
아마씨 가루 1작은술

반짱레(그물형 라이스페이퍼) 10장
아보카도오일(튀김용)(선택) 적당량
사워크림 살사 베르데 100g(p.76 참조)

소와 속재료 준비

1 스프링롤 소를 만들 재료를 손질한다.
2 두부는 칼 옆면으로 충분히 으깬 다음, 면보에 짜서 물기를 뺀다.
3 아보카도오일을 조금 두른 팬을 약불에 올려, 다진 파를 1분 동안 살짝 볶는다.
  맛간장 5g을 넣고 잘 섞은 다음 불을 끈다.
4 믹싱볼에 두부, 소금, 후추, 볶은 파, 아마씨 가루를 넣고 잘 섞어 소를 만든다.
  간은 짠맛이 조금 세게 느껴지도록 한다.
5 생표고는 얇게 잘라 아보카도오일을 두른 팬에 살짝만 볶는다. 건표고일 경우
  에는 반나절 물에 불려 잘라서 물기를 꼭 짠 다음 3처럼 볶는다.
6 버터헤드레터스는 흐르는 물에 씻고 키친타올로 물기를 닦는다.
7 숙주는 깨끗이 씻어 준비한다.

스프링롤

1 라이스페이퍼를 편평하게 펴놓는다.
2 버터헤드레터스 잎을 1장 깔고, 그 위에 소를 약 20g 올린다.
3 그 위에 표고버섯과 숙주를 2줄로 놓는다.
4 라이스페이퍼 양옆을 접은 다음, 페이퍼 아래부터 3번 접어 올린다.
5 에어프라이어를 180℃로 예열하거나 튀김용 기름을 180℃로 가열한다.
6 스프링롤을 에어프라이어에서는 약 10분, 기름에 튀길 경우에는 약 2분 튀긴다.
7 그물형 라이스페이퍼는 튀기는 과정에서 일반 피보다 기름을 많이 흡수하고 많이 튀기 때문에
  주의해야 한다. 튀긴 다음에는 튀김망에 올려서 기름기를 충분히 뺀다.
8 사워크림 살사 베르데를 소스로 곁들인다.

비트 후무스 두부김밥

1인분(2줄)	
칼로리	520kcal
순탄수	33.9g
단백질	11.0g
지 방	35.5g

재료 _ 4줄

두부(두께 1cm×1cm 가늘게 자른) 4줄
만능파기름(또는 아보카도오일) 적당량(p.94 참조)
영양 곤약밥 180g(p.198 참조)
들깨 10g
들기름 20g
소금 2g
김(김밥용) 4장
비트 후무스 220g(p.74 참조)
루콜라(또는 로메인) 적당량
마요네즈(선택) 적당량

1   두부는 두께 1cm×1cm로 가늘고 길게 김밥용으로 잘라, 프라이팬에 만능파기
    름을 두르고 노릇하게 굽는다.
2   믹싱볼에 곤약밥, 들깨, 들기름, 소금을 넣고 잘 섞는다.
3   김밥용 발 위에 김을 깔고 밥을 얇게 펴서 바른다.
4   그 위에 비트 후무스, 구운 두부, 루콜라를 올린 뒤 김밥을 만다.
5   접시에 먹기 좋게 잘라서 올리고, 취향에 따라 마요네즈를 뿌려서 먹는다.

청양고추 낫토김밥

1인분(2줄)

칼로리	457kcal
순탄수	26.9g
단백질	15.0g
지 방	29.3g

재 료 _ 4줄

영양 곤약밥 180g(p.198 참조)
후무스 40g(p.72 참조)
들기름 10g
마요네즈 90g
낫토 160g
청양고추(얇게 썬) 20g
소금 2g
김(김밥용) 4장
실파(선택) 2줄기

1 믹싱볼에 영양 곤약밥, 후무스, 들기름을 넣고 잘 버무린다.
2 마요네즈 10g은 김밥 위에 뿌리는 용도로 남겨놓는다.
3 다른 볼에 마요네즈 80g, 낫토, 청양고추, 소금을 넣고 잘 섞는다.
4 김밥용 발 위에 김을 깔고 1의 밥을 얇게 핀 다음, 3을 올리고 김밥을 만다.
5 먹기 좋게 자르고, 취향에 따라 마요네즈를 뿌려도 좋다.
6 실파를 가늘게 채썰어 마요네즈 위에 듬뿍 뿌려도 맛있다.

따듯한 요리

키토 머시룸 수프

1인분

칼로리	314㎉
순탄수	4.3g
단백질	4.4g
지 방	31.3g

재 료 _ 4인분

버섯(두께 1cm) 400g

* 양송이, 느타리, 새송이, 표고 등 기호에 따라 1종류를 선택하거나 여러
  종류를 분량에 맞춰 사용해도 좋다.

아보카도오일 적당량

소금 적당량

후추 적당량

양파(다진) 1/2개

베지 스톡(조리수) 600g(p.92 참조)

코코넛크림 200g

기버터 80g(p.50 참조)

이탈리안 파슬리(다진) 10g

미니양배추(선택) 1알

1 강불에 달군 팬에 아보카도오일을 두르고 버섯을 볶다가 소금, 후추로 간을 한
   다. 나중에 수프 위에 얹을 가니시용 버섯을 조금 남겨놓는다.
   이때 미니양배추가 있다면 겉잎을 벗겨 버섯과 같이 구우면 또 다른 가니시로
   활용하기에 좋다.

2 버섯이 색이 나게 볶아지면 약불로 줄이고, 여기에 양파를 넣어 투명해질 때까
   지 볶는다.

3 2를 냄비에 옮기고 베지 스톡, 코코넛크림, 기버터를 넣어 15분 동안 끓인다.

4 3을 블렌더에 부드럽게 간다.

5 수프를 그릇에 담고 가니시용 버섯과 미니양배추를 얹고, 이탈리안 파슬리를
   뿌려서 마무리한다.

키 토 머 시 룸 수 프 는

적당한 단백질과 풍부한 지방으로 한 끼를 채울 수 있는 영양식이다. 포만감이 큰 요리이므로 다른
것을 특별히 곁들이지 않아도 좋다. 곁들인다면 저탄수 바게트나 크래커가 잘 어울린다.

칠리빈 수프

1인분

칼로리	310kcal
순탄수	22.5g
단백질	11.9g
지 방	14.4g

재 료 _ 4인분

병아리콩 100g
완두콩 100g
렌틸콩 100g
기버터 50g(p.50 참조)
마늘(다진) 50g
양파(다진) 100g
완숙 토마토(작게 깍둑썬) 6개
커민파우더 5g
터메릭파우더 5g
코리앤더파우더 5g
카이엔페퍼파우더 7g
베지 스톡(조리수) 600g(p.92 참조)
오크라(길이 8mm) 6개
소금 적당량
후추 적당량

1 병아리콩은 반나절 정도 물에 불린 다음, 체에 밭쳐 물기를 뺀다.
2 완두콩은 3시간 정도 물에 불린 다음, 체에 밭쳐 물기를 뺀다.
3 렌틸콩은 흐르는 물에 2~3번 씻은 다음, 체에 밭쳐 물기를 뺀다.
4 냄비를 중불에 올리고 기버터를 두른 뒤 마늘, 양파, 토마토를 넣고 볶는다.
5 병아리콩, 완두콩, 렌틸콩, 허브가루 종류를 모두 넣고 5분 정도 더 볶는다.
6 베지 스톡과 오크라를 넣고 30분 동안 약불에 끓인 다음, 소금과 후추로 간을
   맞춘다.

칠리빈 수프는

영양이 풍부한 3종류의 콩과 감칠맛이 돋보이는 토마토를 함께 끓인 수프로 충분한 한 끼 식사가
된다. 특히, 다양한 향신료가 들어가 얼큰한 느낌의 해장용 요리로도 제격이다. 취향에 따라 고수,
치즈, 요거트 등을 곁들여도 좋다.

콜리플라워 크림수프

1인분	
칼로리	339kcal
순탄수	7.1g
단백질	6.4g
지 방	30.5g

재료 _ 2인분

콜리플라워(작은 송이로 나눈) 1포기 분량
레몬즙 20g
아몬드밀크 300g(p.80 참조)
코코넛밀크 200g
코코넛크림 100g
터메릭파우더 5g
커민파우더 5g
레몬그라스 1줄기
소금 적당량
후추 적당량
만능파기름(또는 아보카도오일) 적당량(p.94 참조)
이탈리안 파슬리(다진) 적당량
고수(선택) 적당량
라임즙(선택) 적당량

1　콜리플라워는 위에 얹을 가니시용을 따로 남겨두고, 끓는 소금물에 레몬즙을 넣고 15분 데친 다음, 건져서 식힌다.

2　다른 냄비에 아몬드밀크, 코코넛밀크, 코코넛크림, 허브가루 종류, 레몬그라스를 넣고 약불에서 10분 동안 뭉근하게 끓인다. 센불에 팔팔 끓이면 금세 넘치거나 튈 수 있으므로 불 조절을 약하게 한다.

3　불을 끄고 냄비뚜껑을 덮은 채 약 30분 동안 향을 우려낸 뒤, 레몬그라스를 건져낸다.

4　블렌더에 데친 콜리플라워와 3의 크림을 넣고 곱게 간 다음, 소금, 후추로 간을 한다.

5　가니시용으로 남긴 콜리플라워는 단면이 보이게 5mm 두께로 자르거나 반으로 잘라 팬에 만능파기름을 둘러 구운 다음 소금 간을 한다.

6　볼에 크림수프를 담고 5를 얹은 다음, 이탈리안 파슬리를 뿌린다. 기호에 따라 다진 고수잎 이나 라임즙을 곁들인다.

콜리플라워 크림수프에서

콜리플라워는 칼로리가 낮고 식이섬유가 풍부해 포만감을 주는 대표적인 다이어트 식재료이다. 낮은 탄수화물과 풍부한 지방을 섭취할 수 있기 때문에 키토제닉 식사로 좋다.

뿌리채소 수프커리

1인분

칼로리	424kcal
순탄수	13.5g
단백질	9.5g
지 방	37.5g

재료 _ 3인분

기버터 60g(p.50 참조)　　　　　소금 적당량
양파(다진) 100g　　　　　　　　콜리플라워(작은 송이로 나눈) 1/3포기
당근(다진) 200g　　　　　　　　사워크림 적당량
생강(다진) 20g　　　　　　　　　라임즙(또는 제스트) 1개 분량
마늘(다진) 30g　　　　　　　　　훈연 파프리카파우더(또는 고춧가루) 적당량
레몬그라스 2줄기　　　　　　　　만능파기름(또는 올리브오일)(선택) 적당량(p.94 참조)
강황가루 20g　　　　　　　　　　레드 소렐(선택) 적당량
베지 스톡(조리수) 500g(p.92 참조)　완두순(선택) 적당량
코코넛밀크 250g
템페 100g

1　냄비를 중불에 올리고 기버터 50g을 두르고 양파, 당근, 생강, 마늘, 레몬그라스를 넣고 5분 정도 볶는다.

2　여기에 강황가루를 넣고 잘 섞은 다음, 베지 스톡과 코코넛밀크를 넣고 약불에 약 20분 끓인다.

3　레몬그라스를 건져낸다.

4　2를 핸드블렌더로 곱게 갈고, 템페를 넣어 5분 동안 더 끓인 다음 소금으로 간을 한다.

5　가니시용 콜리플라워를 만든다. 팬에 남은 기버터 10g을 두르고 작은 송이로 나눈 콜리플라워를 강불에 색이 살짝 나도록 굽는다.

6　수프를 볼에 담고, 위에 구운 콜리플라워 올리고 사워크림, 라임즙, 파프리카파우더를 뿌린다.

7　추가로 만능파기름을 살짝 뿌리고 레드 소렐, 완두순 등의 새싹채소를 장식해도 좋다.

템페(Tempe)는

콩을 발효시켜서 만든 것으로 인도네시아의 대표적인 음식이다. 두부보다 단백질을 많이 함유하고 있고 식이섬유도 풍부하다. 채식인에게 부족할 수 있는 비타민 B_{12}가 많다는 것도 장점이다. 또한 발효식품인 템페는 소화가 빠르고 장내 유익균 생장에 도움을 준다. 구워낸 템페는 카레나 수프 등에 곁들이기도 하고, 샌드위치나 김밥의 속재료, 버거의 패티로도 활용할 수 있다.

구운 콜리플라워와 후무스

1인분

칼로리	712kcal
순탄수	19.1g
단백질	9.0g
지 방	63.4g

재 료 _ 2인분

콜리플라워(작은 송이로 나눈) 1포기
만능파기름 45g(p.94 참조)
기버터(오븐 없을 때 사용) 50g(p.50 참조)
키토 맛간장 20g(p.96 참조)
프락토올리고당 10g
마늘(다진) 10g
레몬즙 20g
후무스 200g(p.72 참조)
훈연 파프리카파우더(또는 고춧가루) 적당량
피스타치오(다진) 적당량
치미추리 소스 40g(p.88 참조)
처빌 적당량

1 콜리플라워를 비슷한 크기의 작은 송이로 분리한다.

2 오븐이 있으면 160℃로 예열한다.

3 강불에 달군 팬에 만능파기름을 둘러 콜리플라워를 구운 색이 나도록 볶는다.

4 예열한 오븐에 7분 익히는데, 오븐이 없으면 팬을 약불로 줄이고 기버터 50g을 넣어 5분 동안 콜리플라워를 굴려주면서 익힌다.

5 다른 팬에 키토 맛간장, 프락토올리고당, 마늘, 레몬즙 10g을 넣고 끓인 뒤 불을 끈다. 여기에 익힌 콜리플라워를 넣고 버무린다.

6 후무스는 그릇에 담아 뚜껑을 덮고 전자레인지에서 따뜻하게 데운다.

7 접시에 후무스를 먼저 깔고 콜리플라워를 가장자리에 담는다.

8 전체에 남은 레몬즙 10g, 파프리카파우더, 다진 피스타치오, 처빌잎, 치미추리 소스를 뿌린다.

콜 리 플 라 워 는

비타민C와 식이섬유가 많고, 칼로리와 탄수화물이 낮은 대표적인 키토 친화적 식재료이다. 특히 노릇하게 잘 구워낸 콜리플라워는 고소한 맛과 아삭한 식감이 하나의 요리로도 손색이 없다. 지방이 풍부한 다양한 소스나 견과류와도 잘 어울린다. 구운 콜리플라워를 얇게 썰어 샐러드에 곁들이거나, 스테이크처럼 구우면 가벼운 한 끼 식사로 좋다.

비트 후무스와 미니양배추

1인분

칼로리	534 kcal
순탄수	28.3g
단백질	16.5g
지 방	35.4g

재 료 _ 2인분

미니양배추 500g
아보카도오일 50g
셰리와인 비네거 50g
소금 적당량
후추 적당량
허브 기버터 100g(p.52 참조)
비트 후무스 240g(p.74 참조)
피스타치오(다진) 5g
식용꽃(선택) 적당량

1 미니양배추는 겉껍질을 2~3겹 벗겨내고, 끓는 물에 소금을 넣어 약 2분 데친다.
2 데친 양배추를 얼음물에 담가 식힌 다음, 물기를 빼고 반으로 자른다.
3 중불로 가열한 팬에 아보카도오일을 두르고 데친 미니양배추를 굽는다.
4 미니양배추 색이 노릇해지면 강불로 올려 셰리와인 비네거를 넣고, 소금과 후추로 간을 한다.
5 팬에 허브 기버터를 녹인 다음 불을 끈다. 버터를 양배추에 끼얹으면서 남은 열로 약 2분간 굽는다.
6 비트 후무스를 내열용기에 담아 뚜껑을 닫고, 전자레인지에서 따듯해질 정도로만 가열한다.
7 접시에 비트 후무스를 깔고 구운 미니양배추를 올린다.
8 피스타치오와 식용꽃을 뿌려서 장식한다.

미 니 양 배 추 는

비타민 K, C, B_9, B_6 등의 각종 비타민과 망간, 구리, 칼륨 등 미네랄이 풍부하다. 특히, 구웠을 때는 달큰한 맛과 부드러운 식감이 특징이다. 또는 소금물에 삶듯이 데쳐서 샐러드에 곁들여도 좋고, 지방이 풍부한 크림소스와도 궁합이 좋다.

셀러리악 퓌레와 구운 제철 버섯

1인분

칼로리	328kcal
순탄수	8.0g
단백질	6.5g
지 방	28.4g

재 료 _ 2인분

새송이버섯 100g
표고 100g
느타리버섯 100g
아보카도오일 20g
소금 적당량

후추 적당량
기버터 40g(p.50 참조)
셀러리악 퓌레 200g(p.78 참조)
한련화잎(선택) 적당량
완두순(선택) 적당량

1 버섯 종류는 각각 잘 구워지도록 손질한다. 종류별로 버섯 크기가 균일해야 고루 익고 먹기에도 좋다.
2 표고는 두께 1cm로 자르고, 식감을 위해 벌집모양의 칼집을 낸다.
3 새송이는 동그란 모양이 살도록 가로로 두께 2.5cm로 자르고, 식감을 위해 벌집모양의 칼집을 낸다. 보통 새송이는 세로로 길게 많이 자르는데, 질기거나 식감이 살아나지 않는다. 가로로 자르면 씹는 식감이 굉장히 푹신하다.
4 느타리는 접시에 놓는 버섯을 고정시키는 역할을 하므로, 뿌리를 살려 손으로 분리한다.
5 팬에서 연기가 날 정도로 뜨겁게 달구고 아보카도오일을 두른다.
6 손질한 버섯을 모두 넣고 노릇하게 구워지면 소금과 후추로 간을 한다.
7 불을 끄고 기버터를 녹여 숟가락으로 버섯 위에 끼얹으면서 남은 열로 굽는다.
8 전자레인지에 따뜻하게 데운 셀러리악 퓌레를 접시에 깔고 구운 버섯을 올린다.
9 한련화잎과 완두순을 올려 장식해도 좋다.

셀러리악 퓌레 활용

셀러리악은 삶아서 으깨면 부드럽고, 셀러리의 맛과 향이 은은하게 나는 이국적인 재료이다. 셀러리악 퓌레에 아몬드밀크와 코코넛크림을 첨가하여 수프로 활용한다.

로즈마리 셀러리악 수프

셀러리악 퓌레 400g(p.78 참조)
아몬드밀크 250g(p.80 참조)
코코넛크림 200g
로즈마리 10g
기버터 15g(p.50 참조)
소금 적당량
후추 적당량
크로스티니(p.114 참조) 적당량
차이브(다진)(선택) 적당량

1 냄비에 셀러리악 퓌레, 아몬드밀크, 코코넛크림을 넣고 거품기로 섞으면서 끓인다.
2 끓기 시작하면 불을 끄고 냄비에 로즈마리를 뿌리째 넣고 뚜껑을 닫아 30분 향을 우려낸다.
3 농도를 잡기위해 다시 한 번 수프를 끓이고, 소금과 후추로 간을 한다.
4 적당히 흐를 정도의 농도가 되면, 불을 끄고 기버터를 넣고 거품기로 섞은 다음, 체에 걸러 볼에 담는다.
5 크로스티니를 손으로 부숴 수프 위에 가니시로 올리고, 다진 차이브를 뿌린다.

라타투이

1인분	
칼로리	388㎉
순탄수	24.4g
단백질	19.8g
지 방	19.5g

재료 _ 2인분

완숙 토마토(두께 4㎜) 2개
가지(두께 4㎜) 1개
주키니(두께 4㎜) 1개
소금 적당량
아보카도오일 적당량
칠리빈 수프 400g(p.168 참조)
모차렐라 적당량

1 오븐을 180℃로 예열한다.
2 토마토, 가지, 주키니를 4㎜ 두께로 자른다.
3 자른 가지와 주키니에 소금을 적당히 뿌리고 1시간 정도 냉장고에 넣어둔다.
4 가지와 주키니에서 수분이 빠져나오면 키친타월로 닦아낸다.
5 오븐팬에 가지, 주키니, 토마토를 올리고 위에 아보카도오일을 뿌려서 오븐에 약 8분 굽는다.
6 그라탱 그릇에 가지, 주키니, 토마토를 1줄씩 포개어 놓는다.
7 칠리빈 수프를 블렌더에 갈아 위에 붓고 모차렐라를 올린다.
8 6~7을 2~3겹이 되도록 반복한다.
9 오븐에 넣고 20분 동안 가열한다.

그라탱 레시피 활용
연근, 감자, 고추냉이, 피스타치오 크레마(p.88), 모차렐라로 이색적인 그라탱을 만들 수 있다.
연근과 감자는 채칼로 2㎜ 두께로 썰고, 찬물에 30분 이상 담근 다음 체에 밭쳐 물기를 뺀다.
피스타치오 크레마 300g에 고추냉이가루 3g 또는 생고추냉이 10g을 넣고 잘 섞는다.
연근과 감자를 그라탱 그릇에 1줄씩 포개어 놓고, 고추냉이를 섞은 피스타치오 크레마를 붓는다.
그 위에 모차렐라를 올리고 이 과정을 2~3회 반복한 다음, 170℃ 오븐에 20분 가열한다.

영양 곤약밥(p.198)과 병아리콩 생면 파스타(p.208)를 위 레시피에 접목시키면 그라탱을 이용한
도리아를 만들 수 있다.
병아리콩 생면 파스타는 숏파스타로 잘라 끓는 물에 약 30초 데친다.
칠리빈 수프와 넣고 싶은 토핑 재료, 영양밥, 파스타를 믹싱볼에서 섞은 다음, 그라탱 그릇에 담고
모차렐라를 뿌려, 180℃ 오븐에 20분 가열한다.

사워크림 스크램블드에그

1인분	
칼로리	595㎉
순탄수	37.5g
단백질	24.1g
지 방	36.7g

재료 _ 2인분

달걀 6개
소금 5g
기버터 20g(p.50 참조)
캐러멜라이즈드 어니언 160g(p.90 참조)
사워크림 100g
각종 허브(다진) 적당량

1 믹싱볼에 달걀을 넣고 소금을 뿌려 잘 섞는다.
2 코팅팬을 약중불로 달구고 기버터를 녹인 다음, 달걀을 부어 스크램블을 부드럽게 만든다.
3 달걀이 50% 정도 익으면 불을 끄고 남은 열로 원하는 농도로 조절한다.
4 캐러멜라이즈드 어니언은 내열용기에 담아 전자레인지에 따듯하게 데운다.
5 완성된 스크램블을 그릇에 담고, 캐러멜라이즈드 어니언과 사워크림을 함께 곁들인다.
6 집에 있는 허브를 다져서 곁들인다. 이탈리안 파슬리, 처빌, 타임, 세이지, 오레가노 등이 잘 어울린다.

사워크림 대신
케피어 사워크림(p.86)과 비건 요거트(p.66)로 대체해도 좋다. 이 책에 나온 두유로 만든 비건 요거트는 많이 꾸덕한 스타일이므로 면보로 짜는 과정에서 좀 더 묽게 만들거나, 꾸덕한 요거트에 두유 조금을 섞어도 좋다.

스크램블을 부드럽게 만들려면
이 레시피에서는 스크램블을 코팅팬에 직접 가열하였다. 스크램블의 생명은 부드러운 식감인데, 주재료인 달걀은 열에 굉장히 민감한 식재료이기 때문에 간단한 노하우를 알려준다.
1 간접적인 열로 조리하는 방법
더블 보일링(double boiling)_ 냄비와 냄비보다 조금 더 큰 믹싱볼이 필요하다. 믹싱볼에 달걀과 소금을 넣고 잘 섞는다. 냄비에 물을 끓이고 약불로 줄인 다음, 믹싱볼을 냄비 위에 올려 증기열로 장시간 조리하는 방법이다. 시간은 약 15분 걸리고 중간 중간 주걱으로 고루 익도록 섞는다. 시간 여유가 있다면 스크램블을 가장 부드럽게 조리할 수 있는 방법이다.
2 직접적인 열로 조리하는 방법
「약불과 잔열」 2가지만 기억하면 된다. 코팅팬을 약불에 30초 정도 달구어 버터를 충분히 녹인 다음, 달걀물을 넣는다. 주걱으로 팬의 테두리 밖에서 안으로 계속 긁으면서 익힌다. 달걀이 몽글몽글 뭉쳐지는 것을 커드라고 하는데, 3~4분이 지나면 커드가 생기면서 촉촉하고 윤기가 흐를 때, 불을 끄고 남은 열로 30초 더 익힌다. 잔열로 익히는 과정에서도 주걱으로 잘 저어야 한다

구운 팔라펠 호박잎롤

1인분

칼로리	521㎉
순탄수	36.4g
단백질	22.6g
지 방	30.3g

재 료 _ 2인분

병아리콩(삶은) 300g(p.72 참조)
커민파우더 5g
터메릭파우더 5g
코리앤더파우더 5g
고수(잎) 10g
소금 7g
달걀 2개
호박잎 8장
만능파기름 적당량(p.94 참조)
키토 맛간장 적당량(p.96 참조)
차지키 소스 90g(p.84 참조)

1 팔라펠 반죽을 만들기 위해 푸드프로세서에 병아리콩, 파우더류, 고수잎, 소금,
   달걀을 넣고 간다.
2 반죽을 35g씩 분할한 다음, 공굴리기하여 타원형으로 만든다.
3 호박잎롤을 만든다. 호박잎의 줄기 끝부분을 잘라 펼쳐놓고 2의 반죽을 올린
   다음 포개어 말아준다. 양옆을 먼저 접고 굴리듯이 만다.
4 찜기에 호박잎롤을 12분 찐 다음, 키친타월로 겉면의 물기를 살짝 닦는다.
5 팬을 중불에 올리고 만능파기름을 둘러 찐 호박잎롤을 앞뒤로 굴려가면서 재
   빠르게 살짝 굽다가, 마지막에 키토 맛간장을 1큰술 넣고 향을 낸다.
6 접시에 차지키 소스를 담고 구워진 호박잎롤을 올린다.

호 박 잎 대 신
곰취, 머위의 잎을 사용해도 좋다.

버터헤드레터스 덤플링

17개	
칼로리	410kcal
순탄수	12.8g
단백질	33.8g
지 방	23.9g

재 료 _ 17개

냉이 80g
두부 400g
키토 맛간장 30g(p.96 참조)
참기름 10g
마늘(다진) 15g
달걀 1개
소금 적당량
버터헤드레터스 2포기
부추 적당량

1 소를 만든다. 먼저 냉이는 끓는 물에 데쳐서 다져놓는다.
2 두부는 칼로 으깨어 면보에 짜서 물기를 제거한다.
3 볼에 버터헤드레터스와 부추를 제외한 모든 재료를 잘 섞어서 소를 만든다.
4 버터헤드레터스의 잎을 1장씩 떼어내서 깨끗이 씻는다. 찜기에 레터스 잎과 부추를 2분 살짝 찐다.
5 잎을 펼쳐놓고 3의 소를 약 35g 올려서 만다.
6 부추를 끈으로 이용해 매듭을 묶는다.
7 찜기에 넣고 7분 동안 찐 다음 그릇에 담아낸다.

피스타치오 크레마 사보이 캐비지롤

1인분	
칼로리	642kcal
순탄수	30.2g
단백질	26.9g
지 방	45.6g

재 료 _ 2인분

사보이 캐비지 1/2포기
두부 380g
건포도 10g
대추(씨 제거) 20g
오렌지 제스트 2개 분량
키토 맛간장 30g(p.96 참조)
참기름 10g
마늘(다진) 20g
달걀 1개
피스타치오 크레마 300g(p.88 참조)

1 사보이 캐비지는 잎을 1장씩 떼어내서 씻은 다음, 찜기에 4분 찐다.
2 소를 만들기 위해 두부는 물기를 충분히 제거한다.
3 푸드프로세서에 두부, 건포도, 대추, 오렌지 제스트, 맛간장, 참기름, 마늘, 달걀
  을 넣고 간다.
4 찐 캐비지 잎을 펼쳐놓고 소를 약 40g 넣고 말아서 싼다.
5 캐비지롤을 찜기에 넣고 10분 동안 찐다.
6 피스타치오 크레마를 내열용기에 담아 뚜껑을 덮고 전자레인지에서 따듯해질
  정도로만 가열한다.
7 롤을 접시에 담고 피스타치오 크레마를 반쯤 잠기도록 붓는다.

사 보 이 캐 비 지 는

일반 양배추보다 식감이 부드럽고 쓴맛이 적다. 채썰어서 오일에 볶은 다음 레몬즙을 살짝 뿌려서
먹어도 맛있고, 살짝 데쳐서 구운 두부나 버섯을 곁들여 쌈처럼 즐겨도 좋다. 각종 크림소스와도
잘 어울리므로 살짝 볶아서 따듯한 키토 샐러드로 활용해보자.

피 스 타 치 오 크 레 마 는

메인디시와 디저트 2가지 모두에 활용할 수 있다.
먼저 메인디시로는, 파스타와 리소토의 크림소스로 활용하면 좋다. 크림 리소토를 만들 때 어울리
는 재료로는 그린 올리브, 완두콩, 리코타치즈(p.64) 등이 있으며, 영양 곤약밥(p.198)을 활용하여
만들면 좋다.
디저트에는, 로푸드 아보카도 케이크(p.124)에 접목시킬 수 있다. 아보카도와 피스타치오 크레마
의 비율을 1:1로 넣고 푸드프로세서에 갈면 필링이 완성된다. 둘의 조합은 맛의 균형이 잘 어울리
는데 디저트로 활용할 때는 말린 크랜베리, 로푸드 초콜릿(p.128), 애플민트 등을 필링에 곁들이면
훨씬 완성도 높은 로푸드 케이크를 만들 수 있다.

두부면 팟타이

1인분	
칼로리	467kcal
순탄수	4.3g
단백질	31.9g
지 방	35.0g

재료 _ 2인분

두부면 400g
만능파기름 30g(p.94 참조)
마늘(다진) 20g
숙주 100g
키토 맛간장 30g(p.96 참조)
식초 20g
참기름 20g
고춧가루 5g
홍고추(얇게 어슷썬) 2개 분량
볶은 땅콩(다진) 10g
고수(잎) 15g
참깨 적당량

1 두부면은 찬물에 10분 정도 불려서 체에 밭친다.
2 팬에 만능파기름을 둘러 강불로 달군 다음 마늘, 숙주를 넣고 볶는다.
3 볶을 때 키토 맛간장, 식초, 참기름, 고춧가루, 홍고추, 땅콩, 두부면을 넣고 재빨리 볶는다.
4 불을 끄고 고수잎을 올리고 깨를 뿌린다.

두부면의 활용
시중에 나와 있는 두부면이나 포두부 등 다양한 두부 제품은 탄수화물이 적고 단백질 섭취를 늘릴 수 있는 간편한 식재료이다. 요즘에는 채식인이 아니여도 즐겨 먹는다. 두부면은 기본적으로 국수 대신 사용하지만, 볶아서 김밥이나 볶음밥의 속재료로도 활용할 수 있고, 포두부는 월남쌈의 라이스페이퍼나 각종 롤의 피, 라자냐 등의 재료로도 좋다.

버섯 두부면 국수

1인분	
칼로리	305㎉
순탄수	5.0g
단백질	18.2g
지 방	22.7g

재료 _ 2인분

베지 스톡(조리수) 1000㎖(p.92 참조)
키토 맛간장 20g(p.96 참조)
마늘(다진) 15g
두부면 200g
표고 4개
팽이버섯 100g
주키니(또는 애호박) 20g
참깨 15g
만능파기름 20g(p.94 참조)
고수(선택) 적당량
고춧가루(선택) 적당량
라임(선택) 1/4조각

1 냄비에 베지 스톡을 넣고 끓인다.
2 끓으면 맛간장, 마늘, 두부면을 넣고 3분 동안 끓인다.
3 여기에 얇게 썬 표고, 팽이버섯, 채썬 주키니를 넣고 5분 정도 더 끓인다.
4 끓인 국수를 그릇에 담고, 간 참깨와 만능파기름을 뿌리고 고수잎을 얹어 마무리한다.
5 이 국수는 스톡과 주재료가 채소인 베트남 스타일의 비건 쌀국수처럼 생각하면 좋다. 쌀국수처럼 기호에 맞게 라임이나 고춧가루를 뿌려도 좋다.

두부면은

밀가루를 피하면서 탄수화물을 줄일 수 있는 식재료이다. 일반적인 국수 대신 어느 국수요리나 대신할 수 있으며 파스타, 팟타이 등에 활용해도 맛있다. 특히, 샐러드나 비빔면처럼 버무려서 차갑게 먹는 국수요리에도 잘 어울린다.

팔라펠

1인분	
칼로리	533㎉
순탄수	47.1g
단백질	19.7g
지 방	23.7g

재 료 _ 2인분

병아리콩(삶은) 380g(p.72 참조)
양파(다진) 60g
이탈리안 파슬리(잎) 10g
세이지 5g
타라곤 5g
타히니 페이스트 30g(p.60 참조)
타히니 드레싱 20g(p.60 참조)
커민파우더 4g
소금 5g
만능파기름 적당량(p.94 참조)
비건 랜치 드레싱 90g(p.62 참조)
그린 올리브(씨 빼고 다진) 5알

1 팔라펠 반죽을 만든다.
2 랜치 드레싱, 만능파기름, 올리브를 제외한 모든 재료를 푸드프로세서에 넣고 간다.
3 팔라펠 1개가 30~35g이 되게 반죽을 나누어 손으로 둥글려서 빚는다.
4 빚은 팔라펠을 숟가락 앞부분으로 반죽 중심부를 살짝 눌러 평평하게 만든다.
5 중불로 가열한 팬에 만능파기름을 충분히 두르고 반죽을 올려서 1~2분 굽는다.
6 금방 구워져서 노릇해지므로 타지 않게 주의한다.
7 비건 랜치 드레싱과 다진 올리브를 잘 섞어 소스볼에 담고 팔라펠과 함께 먹는다. 위에 다진 허브를 뿌려도 좋다.

팔라펠은

병아리콩이나 잠두를 갈아 동글납작하게 빚어서 튀긴 중동 음식으로 간식이나 애피타이저로 먹는다. 단백질이 풍부하고 포만감이 뛰어나 샌드위치 또는 버거의 패티로도 사용하며, 각종 샐러드에 곁들이기도 한다. 타히니 드레싱이나 후무스와 함께 단독으로 먹어도 든든하다. 채식을 하면서 튀김요리에 대한 갈증이 있을 때 키토제닉한 대안으로 좋다.

올리브 프리토

1인분

칼로리	504㎉
순탄수	4.5g
단백질	14.3g
지 방	47.4g

재 료 _ 1인분

아보카도오일(튀김용) 적당량
그린 올리브(씨 제거) 25알
달걀 2개
아몬드파우더 100g
비건 파마산치즈(선택) 적당량(p.70 참조)
치미추리 소스 80g(p.88 참조)

1 냄비에 아보카도오일을 넣고 약 180℃로 가열한다.
2 그린 올리브는 흐르는 물에 짠맛을 충분히 뺀 다음, 체에 밭쳐서 물기를 뺀다.
3 믹싱볼에 달걀 2개를 풀고, 다른 믹싱볼에는 아몬드파우더를 준비한다.
4 올리브에 아몬드파우더를 묻히고, 달걀물에 담근 다음, 다시 아몬드파우더를 묻혀서 가열한 아보카도오일에 튀긴다.
5 튀긴 올리브를 건져 여분의 기름을 제거한다.
6 올리브마다 짠맛이 다를 수 있는데, 먹어보고 싱겁다면 파마산치즈를 적당히 뿌려서 간을 한다.
7 완성한 올리브 프리토를 치미추리 소스와 같이 담아낸다.

프 리 토 (Frito) 는

지중해요리에서 튀김요리를 뜻한다. 튀긴 올리브와 소스를 곁들인 요리는 지방이 풍부한 키토제닉 간식이다. 그 밖에 양파나 고추 등을 튀겨서 소스와 함께 먹어도 좋고, 버섯이나 두부를 튀기면 단백질을 조금 더 보충할 수 있다. 페스코(해산물을 먹는 채식인)의 경우, 새우나 오징어 등 해산물 프리토로 영양 가득한 키토제닉 간식을 즐길 수도 있다.

영양 곤약밥

1인분	
칼로리	94.4㎉
순탄수	17.7g
단백질	2.5g
지 방	0.9g

재 료 _ 4인분
베지 스톡(조리수) 400g(p.92 참조)
소금 5g
현미 150g
찹쌀 50g
병아리콩(물에 6시간 불린) 20g
곤약쌀 200g
건표고(선택) 2개
건다시마(5cm×5cm)(선택) 1장

압력밥솥으로 밥을 할 경우

1 밥솥에 베지 스톡과 소금을 넣고 잘 섞는다.

2 깨끗이 씻은 현미와 찹쌀, 병아리콩, 곤약쌀을 밥솥에 넣는다.

3 건표고와 건다시마를 물에 불린 다음, 표고는 슬라이스하고 다시마는 사각형
으로 잘라 쌀 위에 얹는다.

4 고화력 쾌속 취사모드로 밥을 한다.

냄비로 밥을 할 경우

1 현미와 찹쌀은 흐르는 물에 잘 씻어서 분량의 조리수를 붓고 최소 4시간 정도
불린다.

2 1과 병아리콩, 곤약쌀, 소금을 냄비에 넣고 잘 섞는다.

3 건표고와 건다시마를 물에 불린 다음, 표고는 슬라이스하고 다시마는 사각형
으로 잘라 쌀 위에 얹고 뚜껑을 덮어서 강불로 끓인다.

4 끓으면 약불로 줄이고 12분 동안 가열한다.

5 불을 끄고 10분 정도 뜸을 들인다.

곤약쌀은

100g에 10㎉로 칼로리가 낮고 탄수화물이 적으며 식이섬유가 풍부해서 다이어트 식품으로 요즘
각광받고 있다. 그러나 시판하고 있는 건조 형태의 곤약쌀은 대부분 타피오카 전분으로 만들어진
것이 많다. 이는 탄수화물 비율이 일반 백미와도 큰 차이가 없기 때문에, 곤약쌀을 구매할 때는 성
분표를 잘 살펴봐야 한다.

영양 곤약밥 활용

한국인의 주식인 밥은 키토 친화적인 음식은 아니지만 쉽게 포기하기도 힘들다. 하지만 곤약쌀, 현
미, 귀리, 찹쌀 등으로 만든 밥은 GI지수(혈당지수)가 낮아 혈당이 빠르게 올라가지 않으며, 복합 탄
수화물을 어느 정도 적당히 보충할 수 있다.
비트 후므스 두부김밥(p.160), 청양고추 낫토김밥(p.162), 타이식 볶음밥 카오팟(p.200), 머시룸 리
소토(p.202) 등.

타이식 볶음밥 카오팟

1인분	
칼로리	417㎉
순탄수	18.6g
단백질	15.4g
지 방	30.9g

재 료 _ 2인분

달걀 4개
키토 맛간장 20g(p.96 참조)
만능파기름 40g(p.94 참조)
영양 곤약밥 280g(p.198 참조)
땅콩(다진) 5g
소금 5g
후추 8g
고수(잎) 적당량
고춧가루 적당량

1 믹싱볼에 달걀, 맛간장, 만능파기름을 섞는다.
2 영양 곤약밥을 1에 같이 섞는다.
3 강불로 달군 코팅팬에 2를 젓가락으로 저으면서 5분 정도 볶는다.
4 수분이 날아가면서 달걀과 밥이 익는 소리가 나고 노릇해지면 불을 끈다.
5 땅콩을 넣어 버무리고, 소금과 후추로 간을 한다.
6 볶음밥을 주물팬이나 접시에 담은 다음, 고수잎을 얹고 고춧가루를 뿌려 같이
   비벼서 먹는다.

영양 곤약밥을 만들 때

곤약쌀 대신 콜리플라워 라이스를 사용하여 만들어도 좋다. 콜리플라워를 푸드프로세서나 치즈그레이터를 이용하여 쌀알크기로 갈아내어 사용한다. 콜리플라워는 수분이 많아서 조리시간이 조금 더 길지만 훨씬 가볍고 소화가 잘 된다. 시판용 콜리플라워 라이스를 사용하면 더욱 편리하다.

머시룸 리소토

1인분

칼로리	585kcal
순탄수	23.1g
단백질	8.0g
지 방	50.5g

재료 _ 2인분

각종 버섯(2mm×2mm 다진) 200g
기버터 50g(p.50 참조)
소금 적당량
베지 스톡(조리수) 200g(p.92 참조)
코코넛크림 100g
마스카르포네 100g
영양 곤약밥 300g(p.198 참조)
세이지(다진) 5g
타라곤(다진) 5g

1 버섯은 표고, 양송이, 새송이, 느타리, 총알버섯 중 기호에 맞는 것으로 사용한
　다. 어떤 버섯을 사용하든지 균일한 사이즈로 다진다.

2 강불로 달군 팬에 기버터를 넣고 중불로 낮춰서 각종 버섯을 볶는다.

3 버섯이 노릇해지면 소금으로 간을 하고 베지 스톡, 코코넛크림, 마스카르포네
　를 넣고 끓인다.

4 여기에 영양 곤약밥을 넣고 걸쭉해질 때까지 2분 정도 끓인다.

5 불을 끄고 다진 세이지와 타라곤을 뿌려 마무리한다.

영양 곤약밥으로 만드는 또 다른 리조토

영양 곤약밥의 곡물과 셀러리악 퓌레는 리소토를 만들 때 맛의 궁합이 좋다. 기버터를 사용하면 고
소함이 전체적으로 조화롭고, 캐슈넛의 단맛과 고소함이 은은한 셀러리 향과 어울려 입 안에서 조
화로운 여운을 준다.

셀러리악 캐슈넛 리소토

기버터 20g(p.50 참조)
셀러리(다진) 60g
양파(다진) 30g
베지 스톡(조리수) 100g(p.92 참조)
셀러리악 퓌레 200g(p.78 참조)
영양 곤약밥 300g(p.198 참조)
마스카르포네 100g
소금 적당량
캐슈넛(다진) 10g

1 약중불로 달군 팬에 기버터를 넣고 약불로 낮춘 다
　음, 셀러리와 양파를 3분 동안 볶는다.

2 여기에 베지 스톡과 셀러리악 퓌레를 넣고 중불로
　끓인다. 끓기 시작하면 영양 곤약밥을 넣고 3~4분
　정도 더 끓인다.

3 마스카르포네를 잘 섞어서 농도를 잡는다. 주걱으
　로 팬 밑바닥을 그었을 때, 밑바닥이 1초 이상 보이
　면 불을 끄고 소금으로 간을 한다.

4 접시에 담고 다진 캐슈넛을 뿌린다.

스피니치 토르티야

재 료 _ 약 6장

달걀흰자 4개 분량
시금치 40g
올리브오일(퓨어) 15g
아몬드파우더 45g

1 시금치는 잎만 분리하여 씻은 다음, 수산화나트륨을 빼기 위해 끓는 물에 10초 데쳐서 건진다.
2 데친 시금치와 나머지 모든 재료를 블렌더에 넣고 간다.
3 중불로 달군 코팅팬에 올리브오일(분량 외)을 살짝 바르고, 반죽을 부어 얇게 부친다.
4 한쪽 면을 1~2분씩 양면을 굽는다.

스피니치 토르티야 활용

일반 토르티야에 비해 탄수화물이 적다. 피자도우나 멕시칸 스타일의 케사디야에 활용할 수 있다. 토르티야를 크레페로도 사용할 수 있다. 토르티야에 레몬 타임 마스카르포네(p.56)를 발라 여러 장 겹겹이 쌓아올린 후, 2시간 정도 냉장 보관하면 간단한 크레페 케이크를 만들 수 있다.

케사디야

재 료 _ 2인분

스피니치 토르티야 4장(p.204 참조)
과카몰리 100g(p.48 참조)
할라피뇨(잘게 썬) 30g
고수(잎) 10g
사워크림 80g
비건 요거트 100g(p.66 참조)
비건 치즈소스 200g(p.68 참조)
모차렐라 적당량

1 팬에 스피니치 토르티야를 깔고 과카몰리, 할라피뇨, 고수잎, 사워크림, 요거트,
   모차렐라, 치즈 소스를 차례로 올리는데, 아래 사진처럼 반쪽에만 올리고 나머
   지 반쪽을 접는다.
2 뚜껑을 덮고 약불에서 3분 동안 앞뒤를 굽는다.
3 기호에 따라 과카몰리(분량 외)를 같이 곁들여 먹는다.

케 사 디 야 활 용

케사디야는 멕시코 전통음식이지만, 형태는
접어먹는 피자와 유사하다. 안에 들어가는
재료를 변형시켜서 다양한 맛을 표현할 수
있다. 토르티야도 재료에 따라 다양하게 변
화시킬 수 있다.
스피니치 토르티야 레시피에서 시금치만 빼
면 플레인 토르티야가 된다. 이 토르티야에
접착제 역할을 하는 모차렐라와 기호에 맞
는 소스와 토핑만 있으면 케사디야 종류는
무궁무진하다.
예를 들어, 플레인 토르티야에 토마토소스,
바질 또는 루꼴라, 모차렐라를 곁들이면 마
르게리따 스타일의 케사디야가 된다.
그 밖에 파프리카, 토마토, 양파, 피망, 두
부, 버섯, 템페 등을 속재료로 활용할 수 있
다. 재료들을 잘게 썰어서 토마토소스나 크
림소스 등과 함께 골고루 볶아서 비건 치즈
나 사워크림 등을 바른 토르티야 위에 올리
고 굽는다.

병아리콩 생면 파스타

100g	
칼로리	345㎉
순탄수	28.9g
단백질	19.8g
지 방	12.2g

재료 _ 400g

병아리콩 가루 300g
타피오카 전분 35g
쌀가루 33g
잔탄검 5g
달걀 4개
올리브오일(엑스트라버진) 15g
소금 3g
물(선택) 적당량

1 믹싱볼에 병아리콩 가루, 타피오카 전분, 쌀가루, 잔탄검을 넣고 섞는다.
2 1에 달걀, 올리브오일, 소금을 넣고 반죽한다.
3 3분 정도 반죽하면 뭉치기 시작하는데, 되도록 단단한 느낌의 반죽으로 만든다. 만약 3분 이상 반죽을 했는데도 반죽이 하나의 형태로 잘 뭉쳐지지 않으면 물을 아주 조금씩 추가하면서 반죽한다.
4 밀대로 반죽을 밀어서 펴고, 랩으로 싸서 30분 정도 휴지시킨다.
5 원하는 모양과 두께의 파스타면을 만든다.

병 아 리 콩 생 면 파 스 타 활 용
고소한 병아리콩 생면 파스타는 한 번 만들 때 대량으로 만들어서 냉동 보관하면 편리하게 사용할 수 있다. 베지 스톡을 기본으로 비건 치즈소스(p.68), 셀러리악 퓌레(p.78), 허브 기버터(p.52) 등을 이용해 다양한 스타일과 맛의 파스타를 만들어보자.

마리나라 파스타

1인분

칼로리	923㎉
순탄수	29.7g
단백질	20.2g
지 방	75.7g

재 료 _ 3인분

병아리콩 생면 파스타 300g(p.208 참조)
아보카도오일 15g
방울토마토 100g
베지 스톡(조리수) 400g(p.92 참조)
허브 기버터 200g(p.52 참조)
소금 적당량
바질 적당량

1 파스타는 모양에 따라 다르지만, 탈리아텔레를 기준으로 끓는 소금물에 1분 20
    초 정도 삶는다.
2 강불로 달군 팬에 아보카도오일을 두르고 방울토마토를 볶는다.
3 여기에 베지 스톡을 넣고, 끓으면 삶은 파스타면을 넣어 강불에서 졸인다.
4 수분이 1/3 정도로 졸아들면 허브 기버터를 넣고 약불로 줄여 끓인다.
5 버터가 녹으면서 점점 소스처럼 걸쭉하게 유화되면 불을 끄고 소금으로 간을
    한다.
6 접시에 담아 바질을 올려 함께 낸다.

마 리 나 라 (Marinara) 는

이탈리아 토마토소스이다. 토마토, 마늘, 양파, 바질 등을 넣어 걸쭉하게 만들어 파스타, 피자 등
에 곁들일 수 있는 소스로, 기본 재료 외에 취향에 따라 케이퍼, 올리브, 고추, 레드와인, 소시지,
해산물, 버섯, 치즈 등을 첨가하여 만들기도 한다. 서양에서 즐겨 활용하는 소스이고, 나폴리 소스
(neapolitan sauce)라고도 한다. 마리나라(marinara)는 이탈리아어로 뱃사람이라는 의미이며, 옛
날 항해를 떠나는 뱃사람들을 위해 잘 상하지 않으면서도 쉽고 간단하게 만들 수 있는 데서 유래하
였다.

치즈소스 주키니 파스타

1인분	
칼로리	514㎉
순탄수	17.3g
단백질	10.7g
지 방	43.1g

재 료 _ 2인분

주키니 누들 1/2개 분량
베지 스톡(조리수) 75g(p.92 참조)
비건 파마산치즈 10g(p.70 참조)
비건 치즈소스 400g(p.68 참조)
기버터 75g(p.50 참조)
소금 적당량
후추 적당량
견과류(다진) 적당량
한련화잎 / 식용꽃(선택) 적당량

1 주키니 누들(스파이럴라이저 이용)을 끓는 물에 30초 정도 데친 뒤 얼음물에 담가서 식힌다.

2 누들을 체에 밭쳐 물기를 최대한 제거한다.

3 팬에 베지 스톡을 넣고 중불로 끓이다가 비건 파마산치즈를 넣고 1/2이 될 때까지 졸인다.

4 3에 비건 치즈소스를 넣고 끓이다가 소스 농도가 어느 정도 꾸덕해지면 불을 끈다.

5 믹싱볼에 주키니 누들을 담고, 전자레인지 또는 팬에 녹인 기버터를 넣어 같이 버무린다. 파마산치즈(분량 외), 소금, 후추로 간을 한다.

6 접시에 주키니 파스타를 담고, 그 위에 조리한 4의 치즈소스를 덮는다.

7 다진 견과류, 한련화잎, 식용꽃 등으로 장식한다.

주키니 파스타와 같은

채소 누들은 꾸덕한 소스와 치즈향이 녹진한 풍미에 비해 밀도와 탄수화물, 단백질이 부족해 만족감이 덜할 수 있다. 채소 누들 대신 시중에서 쉽게 구할 수 있는 두부면을 활용하면 보다 포만감을 느낄 수 있다. 병아리콩 생면 파스타(p.208)를 많은 양 만들어서 냉동 보관했다가 사용하는 것도 좋은 방법이다.

마르게리타 피자

1/2장

칼로리	1245㎉
순탄수	28.1g
단백질	90.5g
지 방	80.7g

재 료 _ 2장(20㎝×25㎝)

콜리플라워 크러스트(20㎝×25㎝) 2장(p.136 참조)
칠리빈 수프 100g(p.168 참조)
모차렐라 300g
소금 5g
방울토마토(반으로 자른) 5개
블랙 올리브(슬라이스) 적당량
양송이(슬라이스) 적당량
바질잎 적당량
훈연 파프리카파우더(선택)

1 오븐을 180℃로 예열한다.
2 콜리플라워 크러스트에 블렌더에 간 칠리빈 수프를 골고루 바른 다음, 모차렐라를 올리고 소금을 뿌린다.
3 그 위에 방울토마토, 블랙 올리브, 양송이를 토핑으로 올린다.
4 오븐에 넣고 12분 동안 굽는다.
5 바질잎을 올리고 기호에 따라 훈연 파프리카 파우더를 뿌려서 마무리한다.

마르게리타 피자에서 칠리빈 수프는

소스로서 향신료 향이 강하기 때문에 호불호가 있을 수 있기에, 조금 더 클래식하고 간단한 소스를 만들어보자.

토마토소스

선드라이드 토마토 200g
방울토마토 100g
대추(씨 제거, 물에 불린) 70g
애플사이다 비네거 45g
갈릭파우더 5g

1 모든 재료를 푸드프로세서에 넣고 간다.
2 밀폐용기에 넣어 냉장 보관할 경우에는 1주 안에 사용하는 것이 좋다.

스피니치 피자

1/2장

칼로리 1698kcal

순탄수 24.3g

단백질 90.1g

지 방 136.8g

재 료 _ 2장(20㎝×25㎝)

콜리플라워 크러스트(20㎝×25㎝) 2장(p.136 참조)

시금치 60g

마스카르포네 100g

코코넛크림 100g

소금 5g

모차렐라 300g

블랙 올리브(슬라이스) 적당량

양송이(슬라이스) 적당량

훈연 파프리카파우더(선택)

1 오븐을 180℃로 예열한다.

2 블렌더에 시금치 50g, 마스카르포네, 코코넛크림, 소금을 넣고 간다.

3 콜리플라워 크러스트에 2를 골고루 바른 다음, 모차렐라를 올린다.

4 그 위에 블랙 올리브, 양송이, 남은 시금치를 토핑으로 올린다.

5 오븐에 넣고 12분 정도 굽는다.

6 기호에 따라 훈연 파프리카 파우더를 뿌려서 마무리한다.

스피니치 피자와 잘 어울리는

부드러운 맛의 간단한 크림소스를 만들어보자.

알프레도소스

코코넛크림 180g

계란노른자 2개 분량

마스카르포네 80g

갈릭파우더 5g

넛맥파우더 2g

1 모든 재료를 푸드프로세서에 넣고 간다.

2 밀폐용기에 넣어 냉장 보관할 경우에는 1주 안에 사용하는 것이 좋다.

나를 위한, 모두를 위한

비건(Vegan)이란, 채식 위주의 식단을 유지하는 데서 나아가, 동물을 통해 생산된 모든 식품, 제품, 서비스를 소비하지 않는 움직임입니다. 이러한 움직임은 「먹는 비건」에서 「쓰는 비건」으로 확대되고 있습니다. 고기를 먹지 않는 것 이외에도 가죽이나 양모, 모피, 상아 등 모든 동물성 제품을 거부하는 것입니다. 또한 동물을 착취하여 얻는 꿀이나 동물쇼, 동물원, 동물카페 등도 동물학대라고 봅니다.

최근 「비건 패션」이라는 개념 또한 대두되고 있습니다. 옷이나 화장품에서도 동물성 소재나 원료를 배제하고 있습니다. 페이크 퍼, 페이크 레더, 식물성 천연섬유나 합성섬유를 이용한 의류, 동물실험을 거부하고 동물성 원료를 사용하지 않은 화장품 등이 그것입니다. 우리 주변에는 알지 못하는 동물성 제품들이 많습니다. 자동차의 타이어와 폭죽을 만들 때는 동물추출물인 스테아르산을 이용하며, 비닐봉지 또한 동물성 원료가 사용됩니다.

일상 생활에서 동물성 원료가 들어가지 않은 것을 찾기가 더 어렵습니다. 이런 모든 것들을 사용하지 않겠다고 선언하기보다는 생활 속에서의 절약, 또는 선택권이 있을 때 더 나은 선택을 할 수 있도록 시도하면 좋겠습니다.

동물권과 관련된 소비 외에도 환경을 위한 움직임 또한 함께 생각해야 합니다. 불필요한 포장이나 비닐백, 일회용품 등을 줄이는 것에서부터 보다 친환경적인 제품의 사용으로 나아가야 합니다. 수질 오염과 플라스틱 용기의 사용을 줄일 수 있는 천연 샴푸, 설거지비누바, 소프넛 등이 대표적입니다. 생분해되는 친환경 칫솔, 옥수수나 종이로 만든 완충제, 대안 생리대, 천연수세미나 스크럽 같은 미세플라스틱 프리 제품, 그 밖의 각종 리필제품 등이 모두 환경적 소비의 일환입니다.

건강에 초점을 두는 것에서 나아가 동물권이나 환경에 대한 생각을 해본다면 윤리적 소비에 대해서도 고민해볼 필요가 있습니다. 생활 속 습관들을 한꺼번에 모두 지울 수는 없지만 하나씩 바꾸어 나가는 노력이 중요합니다.

불완전한 실천도 의미가 있습니다. 완벽할 필요는 없습니다. 채식인이 아니여도 육식을 줄이자는 생각과 실천이 중요합니다. 동물복지에 대해 인지하고, 가벼운 마음으로 비건적 소비를 실천해본다면 「나 하나쯤」이 큰 변화를 가져올 날도 분명 있다고 확신합니다.

글 ／ 차현주

경희대학교 신문방송학 졸업.
e-Cornell Plant-Based Nutrition 수료.
Alissa Cohen Living on Live Food Lv3. 로푸드 강사.
건강을 위한 식생활에 꾸준히 관심을 갖고 실천하는, 그리고
다이어트를 평생 숙제라 생각하고 어떻게 하면 더 맛있게 먹
을까를 항상 고민한다. 다양한 먹거리에 관심이 많기 때문에
완벽한 채식인은 아니지만, 채식이 환경문제를 해결하는 지
속가능한 해법이라는 것에는 동의한다. 「건강하게, 맛있게」
라는 취지 아래 키토인과 베지테리언이 같은 식탁에 앉을 수
있기를 바라며.

요리 ／ 김태형

The Culinary Institute of America NY, USA 2015.
Lincoln Ristorante, NY.
The Modern, NY.
키토채식의 레시피를 요리하면서, 고기와 생선 없이도 정말
맛있는 요리를 만들 수 있을까를 고민하였다. 일반적으로 「메
인」이라고 알려진 식재료의 부재 때문에 느껴지는 허전함과
이질감 대신, 낯선 만족감이 느껴지도록 하는 것이 숙제였다.
또한 탄수화물을 줄이고 지방의 비율을 늘린 요리가 거부감
이 느껴지지 않아야 했다. 식재료끼리의 조화, 조리법의 변주
를 통해 재미있는 식감, 풍성한 향 등으로 자칫 지루할 수 있
는 플레이트에 재미를 불어넣으려고 노력하였다.

사진 ／ 장진모

현재 Antitrust Owner Chef.

내 몸이 빛나는 순간,
마이 키토채식 레시피

펴낸이	유재영
펴낸곳	그린쿡
글	차현주
요 리	김태형
사 진	장진모

기 획	이화진
책임편집	이화진
디자인	임수미

1판 1쇄	2021년 5월 13일
출판등록	1987년 11월 27일 제10-149
주 소	04083 서울 마포구 토정로 53(합정동)
전 화	324-6130, 6131
팩 스	324-6135
E - 메일	dhsbook@hanmail.net
홈페이지	www.donghaksa.co.kr
	www.green-home.co.kr
페이스북	www.facebook.com/greenhomecook
인스타그램	www.instagram.com/__greencook

ISBN	978-89-7190-780-1 13590

GREENCOOK은 최신 트렌드의 요리, 디저트, 브레드는 물론 세계 각국의 정통 요리를 소개합니다. 국내 저자의 특색 있는 레시피, 세계 유명 셰프의 쿡북, 전 세계의 요리 테크닉 전문서적을 출간합니다. 요리를 좋아하고, 요리를 공부하는 사람들이 늘 곁에 두고 활용하면서 실력을 키울 수 있는, 제대로 된 요리책을 만들기 위해 고민하고 노력하고 있습니다.

MY KETO-VEGE RECIPE